普通高等教育
艺术类"十三五"规划教材

Photoshop

+SAI

数字插画设计

U0277745

徐育忠 樊黎明/编著

人民邮电出版社

北 京

**图书在版编目（CIP）数据**

Photoshop+SAI数字插画设计 / 徐育忠，樊黎明编著
. -- 北京：人民邮电出版社，2020.2
普通高等教育艺术类"十三五"规划教材
ISBN 978-7-115-51599-5

Ⅰ. ①P… Ⅱ. ①徐… ②樊… Ⅲ. ①图象处理软件－
高等学校－教材②动画制作软件－高等学校－教材 Ⅳ.
①TP391.414

中国版本图书馆CIP数据核字(2019)第132501号

# 内 容 提 要

本书是一本关于运用 Photoshop 和 SAI 软件进行数字插画设计的实践教程，分为两篇。

第一篇为数字插画基础，包括：第 1 章数字插画概述、第 2 章数字插画的应用、第 3 章数字插画绘制的基础装备、第 4 章数字插画创作的基本流程、第 5 章数字插画的基本要素。

第二篇为数字插画实践案例与作品欣赏，包括：第 6 章涂鸦风格的插画、第 7 章拼贴风格的插画、第 8 章水彩风格的插画、第 9 章厚涂风格的插画、第 10 章平涂风格的插画、第 11 章动态插画。第二篇选取了 6 位不同绘画风格的画师作品进行过程讲解，并推荐欣赏国内外著名画家的作品，帮助读者从数字插画的基础知识到实践创作方法进行循序渐进的学习，让读者学会利用 Photoshop 和 SAI 软件进行数字插画创作。

本书的特色是有步骤，有图例，并且可以通过扫描二维码观看视频演示，便于读者更好地学习数字插画创作。本书面向数字插画专业人员，也适合数字媒体艺术、动画、视觉传达等专业的高等院校学生及其他对数字插画有兴趣的读者。

◆ 编　著　徐育忠　樊黎明
责任编辑　刘　博
责任印制　王　郁　陈　犇

◆ 人民邮电出版社出版发行　北京市丰台区成寿寺路 11 号
邮编　100164　电子邮件　315@ptpress.com.cn
网址　http://www.ptpress.com.cn
固安县铭成印刷有限公司印刷

◆ 开本：787×1092　1/16
印张：12.25　　　　　2020 年 2 月第 1 版
字数：345 千字　　　2024 年 8 月河北第 13 次印刷

定价：69.80 元

读者服务热线：(010)81055256　印装质量热线：(010)81055316
反盗版热线：(010)81055315
广告经营许可证：京东市监广登字20170147号

前言

　　党的二十大报告中提到："教育、科技、人才是全面建设社会主义现代化国家的基础性、战略性支撑。"在教育改革浪潮中，各高校纷纷开始探索数字艺术教育教学的新道路，采用了新的教学模式致力于开展适应当今社会发展需要的教学改革。

　　数字插画和传统插画的概念有很大的区别，尤其在内容外延和绘画手段上有本质区别。数字插画需要熟练掌握计算机绘画软件，同时按照不同的风格表现运用不同的软件技术，并按照不同创作者的习惯形成不同的绘画方法，技术手法可谓多种多样。数字插画目前在动画、游戏、影视、书籍、包装等领域被广泛运用，市场对这方面人才的需求旺盛，数字插画也成为当今年轻人热衷的绘画艺术创作方式。

　　本书力求通过案例绘画演示，使读者直观感受不同画风的绘画过程，既有理论性、知识性，又有视频演示授课，是初学者更易学习和掌握的技法类教程图书。

## 本书内容安排

　　本书共分为两篇，共 11 章。第一篇主要介绍数字插画的基本知识，包括数字插画的历史、应用、基本工具、一般流程和绘画要素。第二篇主要介绍数字插画创作的具体流程和作品欣赏，列举了 6 种主要的绘画风格的创作方法，以及优秀作品。

　　第一篇为数字插画基础，主要内容如下。

　　第 1 章 数字插画概述，主要介绍数字插画的基本概念、特点、发展历史和风格类型。

　　第 2 章 数字插画的应用，主要介绍数字插画在动漫设计、游戏设计、UI 设计、书籍杂志绘本、广告宣传、时尚包装和独立艺术中的运用，使读者可以了解数字插画的应用领域。

　　第 3 章 数字插画绘制的基础装备，主要介绍进行数字插画学习所必须具备的计算机配置、手绘板、软件的基本要求。

　　第 4 章 数字插画创作的基本流程，从选题与文字脚本到创意与构思，再到素材采集与参考，再到草图设计，最后为计算机扫描绘制。

　　第 5 章 数字插画的基本要素，介绍了数字插画的构图、色调、空间与光影、肌理、表演和意境。

　　第二篇为数字插画实践案例与作品欣赏，主要内容如下。

　　第 6 章 涂鸦风格的插画，介绍了涂鸦风格插画与经典作品欣赏、创作流程和解析大师作品、作业练习要求和作画过程动态视频演示。

第7章 拼贴风格的插画，介绍了拼贴风格插画与经典作品欣赏、创作流程和解析大师作品、作业练习要求和作画过程动态视频演示。

第8章 水彩风格的插画，介绍了水彩风格插画与经典作品欣赏、创作流程和解析大师作品、作业练习要求和作画过程动态视频演示。

第9章 厚涂风格的插画，介绍了厚涂风格插画与经典作品欣赏、创作流程和解析大师作品、作业练习要求和作画过程动态视频演示。

第10章 平涂风格的插画，介绍了平涂风格插画与经典作品欣赏、创作流程和解析大师作品、作业练习要求和作画过程动态视频演示。

第11章 动态插画，介绍了动态插画与经典作品欣赏、创作流程和解析大师作品、作业练习要求和作画过程动态视频演示。

## 本书特点

本书是书本教程和视频教程的结合，通过讲解数字插画的基础知识和创作实践技法，使读者掌握数字插画不同风格表现的一般方法，既有理论阐述又有技法训练，不仅有步骤分析，而且可以通过扫描二维码观看短视频教程，通俗易学，生动活泼。

本书适合准备学习或者正在学习数字插画的初级或中级读者。本书充分考虑到初学者可能遇到的困难，讲解全面深入，结构安排循序渐进，列举了6种具有代表性的绘画风格，使读者在掌握了知识要点后能够有效实践，并通过视频观摩，提高学习效率。

## 本书作者

本书由徐育忠、樊黎明编写，程艳芳、丁苑、沈一帆、董婷、陈梦瑶、林芊芊、石大卫、钱程久钰也做了一定的相关工作，感谢各位编者的辛苦付出和努力。书中如有疏漏之处，希望广大读者朋友批评、指正。

徐育忠

2022 年 12 月

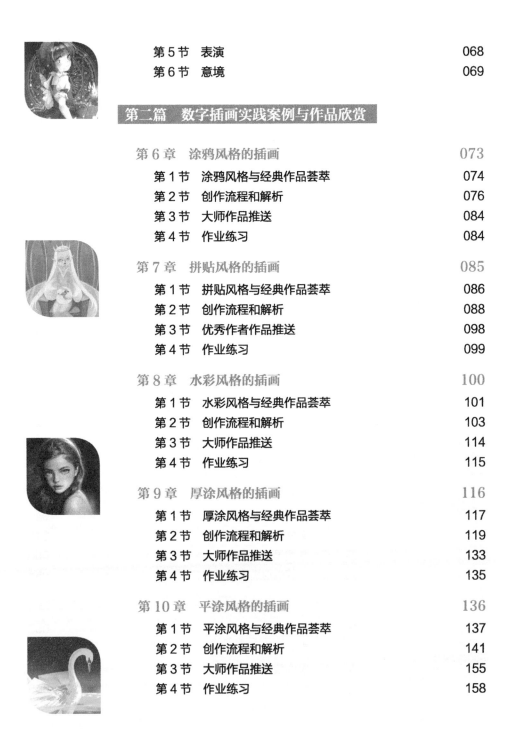

# 第一篇

## 数字插画基础

第 1 章

# 数字插画概述

学习一门艺术，首先要从这门艺术的基础理论知识开始。本章主要介绍数字插画的概念、特点、发展历史和风格类型。

◆本章学习目标

了解数字插画的基本概念，掌握数字插画的基本理论知识。

# 第1节
# 数字插画的基本概念

插画，即 illustration，源自拉丁文 illustraio，词意为"照亮""使之看得见"，延伸之意是将文字、想法等抽象的内容视觉化，变成可以看得见、可以直观理解的具象存在。中国古籍对插画也有类似的解释，插画被称作"相"，例如"全相"（旧时通俗话本、演义等绘有人物图像及每回故事内容者）、"出相"（有的书籍中，书页上面是插图，下面是文字）等，同样是指"看得见"的形象。中国古籍插画如图 1-1 和图 1-2 所示。

插画最早主要用于印刷出版的书籍中，与书中文字相结合，以图画、图案、图形等形式表现视觉形象，对文字内容或者概念加以描述说明，以此增加书籍的魅力和感染力，使文字更加生动形象、活泼有趣。因此，《辞海》又从媒介载体与使用功能的角度对"插画"一词做了标注，"插画指插附在书刊中的图画。有的印在正文中间，有的用插页方式，对正文内容起补充说明或艺术欣赏作用。"

随着时代的发展，插画的含义与内涵都变得更加丰富，现代插画打破了传统概念的范畴，脱离了文学的附庸陪衬角色，成为了一种独立的艺术表达形式，不仅报纸、期刊杂志、画报中出现的图画，称为插画，海报、绘本、插画集、墙绘、贺卡日历等艺术品中的图画也都可以称为插画。现代插画已经变成现代设计的一种重要视觉传达形式，广泛应用于现代设计的多个领域，在现代设计中占有特定的地位，涉及文化活动、

图1-1　　图1-2

社会公共事业、商业活动、影视文化等各个方面。

数字插画是利用计算机和各种软件进行设计和制作的插图形式，利用数字媒体的优势和特点，在制作手段上它模拟甚至拓展了传统的插画绘制技法和风格表现。此外，数字插画的数字展示属性使其在传播方式上具有比传统插画印刷物更加便利与广阔的展示平台。

数字插画的定义还有广义与狭义之分。广义的数字插画指所有由计算机设计制作的视觉形式，包括绘制的插图、拍摄的影像、表格和符号等各种平面图形。狭义的数字插画主要指通过数码绘画板绘制的静态数字插画作品。

数字插画并非一个全新的艺术概念，它是时代步入数字化、人类进入信息时代而出现的艺术类型。随着计算机数字技术的发展，传统插画创作的画笔与画纸工具逐步被计算机与数字软件（如 Photoshop、SAI、Painter 等）所取代，画笔和颜料被数绘板、数绘笔替代。创作者运用数字技术不仅能模拟出素描、水彩、油画、水墨等视觉材料质感，甚至可以超越传统绘制的技法表现，使得插画的表现形式更加丰富，在构图方式、绘画技法、表现内容上都获得更为多样的面貌。此外，数字插画作品是一种数字形态，既可以通过数字屏幕（如计算机、电视、手机、iPad 等）来展现，也可以通过印刷技术在纸媒上呈现。

我们平时所说的 CG（Computer Graphics）即"计算机图形"，包括二维、三维、静态、动态等数字视觉艺术形式，也就是说，由虚拟数字技术制作的媒体文化，都属于 CG 范畴。CG 的行业范围从广告、影视、动漫、游戏、服装设计、工业设计到自由创作等各个领域，可谓包罗万象。由此可见，CG 比数字插画涵盖的范围更广一些。

随着以计算机为主要工具进行视觉设计和生产的一系列相关产业的形成，CG 的概念也随着应用领域的扩展而不断扩大。如今，CG 一词既包括技术也包括艺术领域，几乎囊括了当代所有的视觉艺术创作活动。国际上习惯将利用计算机技术进行视觉设计和生产的领域统称为 CG，由 CG 和虚拟现实技术制作的媒体文化，也都可以归于 CG 范畴。CG 已经形成一个以技术为基础的客观的视觉艺术创意型经济产业。

数字插画与 CG 二者的关系如图 1-3 所示。数字插画（Digital Illustration）是计算机图形（Computer Graphics）的一个具体应用，是通过计算机图形技术进行的插画创作，它的发展依赖于计算机图形技术的发展。

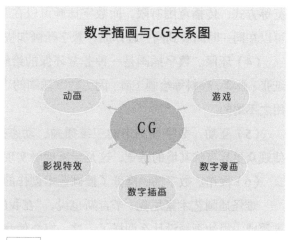

图1-3

# 第2节
## 数字插画的特点

数字插画作为新兴的艺术类型，与传统插画相比较具有诸多优势。

提起数字插画，插画艺术家克里斯蒂安·拉塞尔说过，"我发现了一个明净的世界，真正澄澈的美。我能在转瞬之间重新着色，重构画面。总之，以任何我想要的方式重新确定大小、剪裁图像。我对这种全方位建构式的绘画、剪裁和粘贴等要素几乎纯粹数字化的制作越来越感兴趣。"计算机和数字软件方便快捷的应用，使艺术家的创作得到了最大的发挥。

数字插画有以下特点。

（1）效率。数字插画创作效率高，便于修改，可反复编辑使用，艺术的表现力强，创作形式多种多样。据有关资料统计，俄罗斯著名插画大师杜宾斯基在为小说《变色龙》绘制插画时，平均一幅画需要画三天时间，而时间主要浪费在反复的渲染和形象的修改上。现在我们运用计算机绘制数字插画，只要半天时间就可以制作完成一幅画，并且可以反复修改和复制。

（2）存储。传统插画的保存非常不易，受环境和自身绘画材料的影响很大。而数字插画无纸化设计制作，内容存储形式是光盘、磁盘等介质空间。

（3）传播。数字插画可以多次复制与保存，且避免了传统插画在传播过程中由于曝光、拍照、扫描、运输等对作品造成的损害，在传播过程中不会产生颜色或形态上的差异，使插画原作更好地呈现。传统插画的传播途径主要有书籍、海报、美术馆展览等方式，传播范围有限，而数字插画可以在互联网上快速地传播，世界各地的人们可以在同一时间看到同一幅作品，数字插画加快了插画艺术的传播速度。

（4）环保。数字插画是一种非常环保的绘画方式，创作过程中不需要消耗大量的纸张、画笔、颜料等绘画工具，因为数字插画的"纸张""画笔"和"颜料"是取之不尽、用之不竭的。

（5）互动。数字插画中的三维插画、动态插画等和观众之间具有一定的互动性，使观众更具身临其境的感觉，这是传统插画实现不了的。

（6）操作。数字插画降低了插画艺术创作的门槛，使之更加大众化。

难怪插画艺术家尼克·辛吉斯也说，"在我的潜意识里，用鼠标画画，早已和用一支笔或一根油画棒没什么两样了。这一媒介使我操作起来更快、更好，而且也更便宜。"

# 第3节
## 数字插画的发展历史

　　数字插画是随着计算机的发展而发展的，它起源的基础是计算机图形学。1950 年美国麻省理工学院"旋风一号"诞生，计算机图形学开始得到应用。1958 年，美国嘉宝产品公司（GerBer）开发了平板绘图仪的雏形。20 世纪 60 年代至 80 年代计算机技术飞跃式发展，绘画超限差值计算、贝塞尔曲线、曲面理论、区域填充、计算机剪裁等基本图形绘制概念纷纷出现，计算机图形学开始进入兴盛期。但此时的数字插画主要应用于出版物的印刷系统中。

　　20 世纪 80 年代以后，小型计算机技术快速发展，此时相应的计算机软件也得到发展，数字插画开始普及。1980 年日本知名游戏公司南梦宫（Namco）推出一款轰动世界的游戏《吃豆人》（Pac-Man）。1981 年，《吃豆人》中的主角登上了美国的《时代杂志》，如图 1-4 所示。

　　20 世纪 90 年代，计算机软件技术成熟，Adobe 公司研发了功能强大的图像处理软件 Photoshop，Corel 公司开发了全面和逼真的仿自然绘画软件 Painter，这两种基于位图编辑的数字绘画软件的出现几乎决定了二维数字插画的初步工作模式。之后，Illustrator 矢量绘画软件的开发和应用更是给数字插画的设计制作增加了新的动力。

图1-4

　　数字插画是顺应媒体传播的需要而产生的，又紧密跟随媒体技术的发展而发展，因此媒体的存在形式决定了数字插画的存在形式，媒体技术的发展促进了数字插画的设计制作进程。

# 第4节
# 数字插画的绘画风格类型

数字插画不再受绘画工具的限制，艺术家和设计师可以充分发挥想象力，利用计算机和软件等技术平台进行创作，使插画艺术产生全新的艺术效果，绘画艺术手法与风格类型更加多元化。数字插画比较常见的创作艺术手法有以下三个。

（1）写实的艺术表现

写实的表现手法是插画设计中常见的形式，它是将要表达的对象客观地展现在画面上，并真实细腻地刻画出对象的形态。其质感和功能用途给观众以真实的心理感受，例如，人物肖像、游戏角色设定等常采用这种风格。注意，这里的写实不是自然主义的对对象不加分析的呈现，也不仅仅是局限于对象的表面，而是对对象内在的真实表现，是经过作者主观处理过的艺术性写实。厚涂、水彩、拼贴等数字插画都可以运用写实的形式。

（2）抽象的艺术表现

抽象是相对于写实而言的，它是一种纯形式化的艺术表现手法，舍弃对象直观的个性，通过概括其共性，组合成非具象的画面。抽象形体一般包括点、线、面、色彩等元素。不同的点、线、面、色彩要素具有不同的性格特征，会引起不同的视觉感受和审美效果，表达出独特的意念和情趣。涂鸦和拼贴大多属于抽象风格，抽象手法也越来越多地应用于网页设计、广告宣传等领域。涂鸦对绘画水平的要求并不高，是执笔者对自己情绪的宣泄与释放。涂鸦风格的插画讲究的就是作品的质朴与原味，通过作品可以体会到真实的情感和洒脱的情怀。

（3）装饰的艺术表现

装饰性插画以装饰为主要目的，和文字关系相对疏离。装饰性插画的表现重点通常放在增加版面的丰富感及美感上，常以装饰风格插画的创作符合形式美为法则和装饰艺术的要求，强调画面的平面化、图案化，从而具有较强的审美特征。这种风格的数字插画不一味地追求写实，而是以强烈的主观创造性语言对所表现的对象进行归纳、简化、夸张处理，运用重复、对比等形式法则组织画面，形成装饰化的审美效果，更多强调视觉上的愉悦感受，平面化是装饰插画的一个显著特点。网络拼接因其自身独有的特点迅速发展，各种网络符号和网络术语也迅速为大家所熟知，几何装饰风格的插画作品也因此得以产生和发展。例如，箭头代表方向性或指示性，虚线代表连续性或动感等。在艺术手法上，无论是平涂、涂鸦、拼贴等，都可以实现插画的装饰性目的。

1．按照数字插画的艺术表现手法分类

数字插画的绘画风格类型有涂鸦插画（见图 1-5 和图 1-6）、拼贴插画（见图 1-7 和图 1-8）、平涂插画（见图 1-9 和图 1-10）、厚涂插画（见图 1-11 ~ 图 1-13）、水彩插画（见图 1-14 和图 1-15）以及动态插画等。这些风格的插画将在后续章节结合作品创作详细说明，此处不再赘述。

图1-5　图1-6　**作者：JUN**

图1-7　图1-8　**作者：尹凯悦**

图1-9　图1-10　**作者：张晓卉**

作者：吴倩芸

图1-11

图1-12　图1-13

作者：幽梦

图1-14　图1-15

## 2. 按照数字插画的题材分类

数字插画的绘画风格类型有时尚插画、儿童插画、幻想插画以及写实插画等。

（1）时尚插画（见图 1-16 ～图 1-19）

时尚插画呈现出来的是风尚和流行元素，时尚插画在复刻时尚，与当今时尚同步；时尚插画还会走在时尚的前沿，在引导潮流，倡导时尚。时尚插画是能够引领时尚潮流的人和物的插画或者通过时尚潮流的人和物中获取灵感绘制出的具有现代感和时尚感的插画。时尚插画大多描绘现代都市生活，倡导全新高品位的生活方式，人物穿着打扮非常时尚，画面色彩明艳，角色造型夸张。时尚插画广泛运用在包装、广告、服装、书籍杂志等领域。

作者：Katie Rodgers（澳大利亚）

| 图1-16 | 图1-17 |
| 图1-18 | 图1-19 |

（2）儿童插画（见图 1-20 ～图 1-22）

儿童插画面向儿童，画面生动活泼，天真可爱，通俗易懂，表现出天马行空的想象力，角色多是拟人化的小动物。儿童书籍插画的目的主要是帮助儿童了解文字意思，增加文本的趣味性。

（3）幻想插画（见图 1-23 和图 1-24）

幻想插画有科幻和神话两大类。科幻类插画充满了对未来的憧憬与想象，推动人类社会不断向前发展，画面中机械元素的设定是其一大特点；神话类插画历史比较悠久，主要源于古代的神话传说。幻想插画广泛运用于网络游戏设计中。

（4）写实插画（见图 1-25 和图 1-26）

写实插画是插画设计师运用计算机绘图软件，采用二维精确绘制或者三维建模贴

作者：Webjong（韩国）

图1-20    图1-21

图1-22

作者：汪梦夫

图1-23    图1-24

图，以实现类似于照片摄影般十分逼真的画面效果的插画。它主要应用在游戏角色和游戏场景的原画设计以及头像半身像的自由绘制方面。

3．按照数字插画的计算机绘制软件分类

数字插画的绘画风格类型有位图插画（见图1-27）、矢量插画（见图1-28和图1-29）和三维数字插画（见图1-30和图1-31）等。

4．按照数字插画的适用媒体分类

数字插画的绘画风格类型有平面印刷类媒体插画、视频类媒体插画等。

作者：Irakli Nadar（格鲁吉亚）

图1-25　图1-26

作者：JUN

图1-27

作者：Laszlito Kovacs（荷兰）

图1-28　图1-29

作者：Filip Hodas（捷克）

图1-30　图1-31

# 第 2 章

## 数字插画的应用

数字插画与商业、艺术结合的历史悠久，本章主要介绍数字插画在商业与艺术领域，如动漫设计、游戏设计、界面设计、印刷传媒、艺术展示等领域的应用。

◆本章学习目标

了解数字插画的应用。

数字插画艺术将计算机数字技术和艺术设计融合，以商业或社会公益为目的，活跃在动漫设计、游戏设计、UI 设计、书籍、期刊报纸、广告创意、包装设计、网络传播、多媒体数字影像等传统与非传统领域。

## 第1节
# 动漫设计

数字插画广泛应用于动画领域，包括动画角色、动画场景、原画、气氛图、宣传海报等的设计，运用计算机及其软件完全可以取代传统动画的创作，可以说数字插画贯穿了整个动画制作的流程。

例如，数字插画在动画场景设计中的运用，使动画作品更加形象生动，视觉感受更加丰富多样。数字插画作为动画设计的重要元素之一，以场景空间的特殊描写及富有生活感的写实特点，使各种动画角色、动画环境更具艺术特征，更能吸引观众的视线，使观众更能理解作者所要表达的思想感受。一件高质量的数字插画作品能带给观众独特的审美感受。数字插画使动画场景的设计和构成的方式更加灵活多样，表现的手法更为广泛，使角色与背景之间结合得更加紧密。插画设计者在动画制作过程中赋予作品生命，赋予角色灵魂，例如新海诚动画海报，如图 2-1 ～图 2-3 所示。

数字插画在漫画创作方面也包括很多设计，如漫画角色设计、漫画背景绘制以及漫画封面和扉页设计等。

图2-1　　图2-2　　图2-3

# 第2节
## 游戏设计

如今，电子游戏已风靡全球，吸引了越来越多的人参与其中，成为很多人生活中不可或缺的娱乐方式之一。游戏之所以会产生如此大的影响，数字插画功不可没。在电子游戏中，以数字插画方式展现出的虚拟角色和画面新奇有趣、真实细腻、动感刺激，并且能与人产生互动，使观者在虚拟的世界里找到"理想中的自己"，吸引了很多人，甚至有许多玩家将游戏画面做成精美壁纸。

数字插画在游戏领域的应用十分广泛，包括游戏宣传、游戏角色、游戏场景的设定等内容，如图2-4所示。插画师运用数字插画设计游戏中的角色、道具、背景、场景等。

图2-4

# 第3节
## UI 设计

用户界面（User Interface，UI）指用户和电子系统进行交互的界面。手机界面、平板电脑界面、计算机界面等都成为数字插画的承载媒介。软件设计中除了编码设计外，UI 设计越来越受到关注，因为消费者不会关心他们看不见摸不着的复杂系统，他们更容易受到能通过视觉直观感受到的 UI 界面的影响。友好美观的界面会拉近人与电子产品的距离，让产品更加易于操控。例如，《植物大战僵尸》的游戏界面，如图 2-5 所示；《纪念碑谷》手机游戏界面，如图 2-6 所示。

UI 设计不是单纯的美术绘画，而是为最终用户设计，需考虑用户习惯和使用环境等的科学和艺术设计的结合，所以，UI 设计要和用户研究紧密结合，它是一个不断为用户设计满意视觉效果的过程。个性化的数字插画是设计优秀用户界面的重要选择，尤其在互联网时代，网页是机构组织和个人进行展示、推介与信息传播的重要渠道，充满艺术气息的数字插画使其更加亲切生动、友好活泼，在浏览过程中可以为观者提供更好的阅读体验。

图2-5　　图2-6

# 第 4 节
## 书籍杂志绘本

书籍插画包括封面、封底的设计以及书籍正文里所配的插图。数字插画广泛应用于各类书籍和杂志，形式多种多样。

数字插画在书籍装帧中有两个重要作用，第一是通过封面封底的设计来美化书籍，第二是在书的正文中出现，作为补充或是传达比文字更加直观的视觉内容。数字插画的运用为图文组合提供了更多可能，使版面设计有了更丰富多彩的视觉效果。优异的视觉冲击力、多形式的表现手法，都突显了数字插画在书籍设计中的优势。

在媒体多元化的今天，新流行的电子书籍和电子期刊中更不能缺少插画的应用。电子杂志是一种图像、文字、声音、视频等相结合的多媒体表现形式，不仅封面要时尚，内页也要吸引读者。数字插画本身就具有多种表现形式，在这里它的艺术性能得到恰当的应用，既满足电子杂志信息传递的需求，又能达到阅读者对艺术审美的要求。

书籍的封面、内页、外套、内容辅助插图等，包括报纸、杂志所使用的插画，都可以用数字插画来实现。

图 2-7 和图 2-8 所示的是 NORDIC TALES 书籍插画。

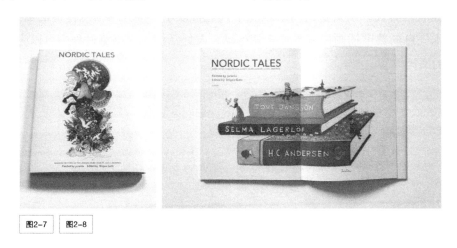

图2-7    图2-8

第 5 节

# 广告宣传

无论是报纸广告、杂志广告、招牌、海报、宣传单、电视广告，还是商业形象设计（商品标志与企业形象），数字插画为企业或者产品传递商品信息，是集艺术性与商业性为一体的图像表现形式，越来越受到大众的喜爱。

平面广告设计的构思与表现形式密切相关，而数字插画有着商业性与艺术性紧密结合的特性，越来越多的设计师喜欢用广告插画的形式表达自己的设计创意。插画与图形表达相结合使平面广告的表达更为准确。现代平面广告设计的表现形式十分丰富，由色彩、图形、文字、材质等许多元素构成。在创意表现时，通过充分利用设计语言，包括线条、平面、空间、色彩、光线、结构、质感等，渲染作品的气氛，调动观者的心理情绪。优秀的广告作品要达到最终的说服效果，就要有吸引观众注意力的视觉效果，有传达设计内涵的意义，最终引导观众产生购买行为，数字插画能够让平面广告更好地体现出这样的效果。

图 2-9 和图 2-10 所示的是麦当劳的广告插画。

图2-9　　图2-10

# 第6节
## 时尚包装

商品传统的包装设计多用来做说明图解，包括消费指导、商品说明、使用说明书、图标、目录等，如图 2-11 ～图 2-13 所示。

图2-11　　图2-12

图2-13

　　包装保护商品的作用已经不再是包装设计的重心，而传递商品信息、介绍产品、吸引消费者、树立品牌形象的作用越来越成为包装设计的关注点。消费者对产品功能的感知在很大程度上受到包装外观的影响，包装渐渐成为展现主人艺术品位的一个方面。

　　在包装设计中，插画的运用需要服从特定的设计主题，符合目标客户的心理需求和审美情趣。数字插画通常比普通摄影图片更具有活力和新鲜感，更能吸引消费者，也能更好地进行个性化的展示。特别是时尚类的商品包装和电子产品的包装，需要使用能体现品牌品质的图形来吸引消费者，并传达品牌独特的个性。这些包装设计都离不开数字插画。在媒体迅速发展的今天，数字插画已经成为用设计来推销产品的有效方式。

# 第7节
## 独立艺术

　　独立艺术是相对于商业艺术来讲的一种非商业艺术形式。常见的独立艺术包括独立插画、独立漫画、独立电影、独立游戏等。就数字插画来讲，不以任何商业用途为目的，独立创作完成，表达作者个人观点或情感的插画创作，都可以认为是独立插画艺术。独立插画作品被更多地用来表达艺术家的个人感受，抒发个人情感，并不一定有传达大众层面特定信息的功能。

　　与之相比，前面介绍的6种数字插画的应用，都是从审美和实用的角度出发进行设计的，常常是为特定的商品、客户或者观众服务的，并且可以大量复制使用，借助网络等传媒手段或平台进行传播展示，覆盖面很广，很多作品具有一定时效性，会更新换代。而独立艺术与此不同，它的展示渠道有限，通常展示在各种展览、媒体或收藏机构中。

　　随着时代的发展，独立艺术和商业艺术创作之间的界限渐渐变得模糊，独立艺术作品也可以参与到商业运作中，具有一定的商业价值。

　　总之，数字插画应用领域非常广泛，几乎所有的商业性绘画都可以算在数字插画的范畴内。

# 第 3 章

# 数字插画绘制的
# 基础装备

　　面对琳琅满目的笔记本电脑、台式计算机、数位板等,如何挑选这些物品呢?我们主要考虑两点:一是确定个人心理承受价位,二是确定其主要用途与需求。

◆本章学习目标

　　1.学会挑选适合个人能力与经济价位的计算机和数位板。

　　2.学会入门绘图软件的基础操作。

# 第1节

## 计算机配置

给艺术设计相关专业的学生第一推荐的计算机当然是苹果专业图文计算机了，如图 3-1 所示，最优是台式机，其次是笔记本电脑。与普通笔记本电脑相比，苹果计算机外观好看，具有合金外壳、内置电池、独特的键盘背光灯，键位设计也稍有不同。其系统的界面以及系统操作本身比较简洁易用，对摄影剪辑、音乐制作、动画制作等技术专业人士而言，苹果计算机具有足够的性能。

图3-1

使用苹果计算机有一定的系统问题，因此在大学期间一般需要装双系统才能登录校园网，而且部分绘图设计软件（如 SAI）也没有苹果版本。但是苹果计算机仍旧足够专业，这是因为其色差很小，非常适合设计，稳定性也很好，不容易崩盘，所以是否装双系统就看读者的个人考量了，另外提醒一点，双系统所需的内存比较大。

挑选 Windows 系统计算机则推荐网站"中关村在线"———一个适合从新手到能个人组装计算机的老手的网站。新手可以从价位区间、计算机品牌、产品定位、屏幕尺寸几方面来选择，推荐选择熟悉的且最好当地有售后服务点的品牌，比如联想、惠普、戴尔等。

如果你非常熟悉计算机配置，能自己组装的话，就可以在网上模拟一下，从 CPU、主板、内存、显示器到显卡等，一一挑选喜欢的，查看价格后，再去实地购买。CPU、内存和硬盘读取速度主要影响 Photoshop、SAI 等平面绘画软件的流畅度，显示器影响色彩效果，显卡影响渲染效果。Windows 笔记本及其配装如图 3-2 和图 3-3 所示。

在计算机上绘画有一个很关键的问题就是平台间的色差问题。不同计算机厂家的显示器色差非常大，偏黄光、偏蓝光、偏红光等问题无法避免，想要彻底解决色差只能买校色仪或者绘图显示器了。但是如果只是要减少色差就比较简单，打开计算机找到色彩的设置项，再用苹果计算机调出同一张图片，调整到感觉两张图的色彩几乎没有偏差即可。这个调试过程需要多次调整不同颜色风格的图片，才能发现个人计算机在明暗、对比度、颜色平衡、色温等方面的详细差异。

图3-2　　图3-3

# 第2节
## 手绘板的选择与设置

### 一、手绘板的品牌

手绘板的品牌比计算机少得多，所以很好选择，一般选择 Wacom，国产品牌的话一般会选择汉王或友基。Wacom 全线产品有数位学习板、专业数位板、影拓数位板、新帝数位板、创意移动电脑 & 工作站和新帝 PRO 数位板，如表 3-1 所示。影拓数位板适合初学者入手且价格平民。

表3-1　Wacom全线产品

| 产品 | 样式 |
| --- | --- |
| One by Wacom<br>数位学习板 | |
| Wacom Intuos PRO<br>专业学习板 | |
| Intuos 影拓数位板 | |

续表

| 产品 | 样式 |
| --- | --- |
| Cintiq 新帝数位板 | |
| Wacom MobileStudio PRO 创意移动电脑 & 工作站 | |
| Wacom Cintiq PRO 新帝 PRO 数位屏 | |

## 二、Wacom 手绘板的系列分类与价格

Wacom 目前的手绘板系列分为影拓系列与影拓 PRO 系列。

影拓系列产品是比较大众型的产品，它是 Bamboo 三代产品的升级，价位基本为 499 ~ 1480 元。压感级别是 1024 级别，精确度为 0.5mm。比较适合刚刚入门的绘画初学者、普通的绘画爱好者，以及有 CG 绘画、照片编辑等创作要求的学生。

根据官方提供的数据，影拓系列的型号与价位分别是 CTL-480，400 元；CTH-480，699 元；CTH-680，1480 元。三款型号的主要区别在于，CTL-480 不支持触控，手绘笔不支持橡皮擦功能；CTH-480 和 CTH-680 支持触控，手绘笔支持橡皮擦功能。此外，CTL-480 和 CTH-480 的绘图区域都是 95mm×152mm；CTH-680 的绘图区域是 135mm×216mm。

影拓 PRO 是影拓五代的升级版，价位基本为 1950 ~ 3900 元。影拓 PRO 系列提供的压力感应、精确度与绘画体验都比影拓系列强一些，它的压感级别是 2048 级别，带有 60 度倾斜感应，精确度为 0.13mm。因而该系列适合从事与 CG 相关的从业者、CG 专业的学生，以及专业的 CG 爱好者等。

根据官网提供的数据，影拓 PRO 系列的型号与价位分别是 PTH-451，1950 元；PTH-651，2899 元；PTH-651 限量版，3100 元；PTH-851，3900 元。各型号的区别在于，PTH-451 版面上有 6 个快捷键和 1 个触摸环；PTH-651 和 PTH-851 版面上有 8 个快捷键和 1 个触摸环。此外 PTH-451 绘图区域是 157.48mm×98.43 mm；PTH-651 的绘图区域是 223.52mm×139.7 mm；PTH-851 的绘图区域是 325.12mm×203.2 mm。

小贴示

　　Wacom手绘屏是手绘板的高端升级产品，一般价格为6500～10000元，最低也要4500元左右。手绘屏将电脑显示屏与手绘板融为一体，让画师可以在显示屏幕上直接绘图，就像用笔在纸上直接作画。但是由于手绘屏也作为显示器使用，因此其体积通常比较大、质量重、厚度高，不方便携带。选择手绘板还是手绘屏，最终还是根据个人预算和使用喜好来定。

　　手绘板（见图3-4）与手绘屏（见图3-5）的外观与使用方式有着明显区别。

图3-4　　图3-5

## 三、手绘板的设置

　　首先，安装手绘板驱动。然后把手绘板连接到计算机上，在计算机"开始"菜单中找到"Wacom 数位板"文件夹，单击"Wacom 数位板属性"，如图3-6 所示，然后出现图3-7 所示的界面。

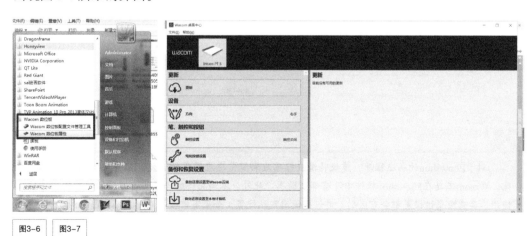

图3-6　　图3-7

　　手绘板最主要的问题是压感问题，而压感可能在 Photoshop（PS）和 SAI 两种软件中有不同的表现形式，如果需要交替使用这两个软件，就要在两个软件中进行分别设置。

确认计算机中有 Photoshop 与 SAI 软件。打开数位板属性面板，在应用程序中，可以看到 Photoshop 与 SAI 软件。我们可以分别选择 Photoshop 与 SAI 图标，添加程序依次进行设置。例如，先添加 SAI 程序，选择"笔"选项，如图 3-8 所示。进入笔压力参数调节面板，如图 3-9 所示，可以对橡皮擦感应、笔尖感应参数进行增减调节。

同理，我们再添加 Photoshop 程序，进入 Photoshop 的笔压力参数调节面板，如图 3-10 所示，同样可以对橡皮擦感应、笔尖感应参数进行增减调节。

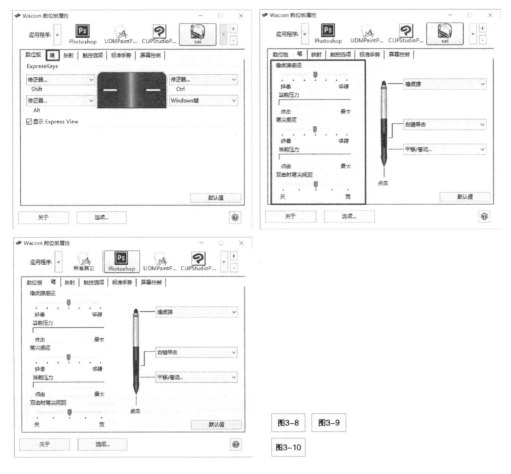

图3-8　图3-9

图3-10

小贴示

　　对于Photoshop的感应程序，建议将橡皮擦感应和笔尖感应等参数调大，因为Photoshop与SAI相比，Wacom工具在Photoshop软件中没有那么敏感。此外，不同品牌的手绘板在不同的计算机中连接使用，其感应属性设置都会有区别，建议先使用默认设置，如果有需要再对感应参数进行修改。

# 第3节
## 常用软件 Photoshop 和 SAI 的基本操作

### 一、Photoshop 的基本操作

　　Photoshop（PS）是由 Adobe Systems 开发和发行的一款极其优秀的图像处理软件。在图像绘制与编辑方面，Photoshop 不仅支持众多图像格式，而且其出众的笔刷效果、丰富的滤镜插件等功能，赢得了众多绘画爱好者和专业人士的青睐。

　　本节将对该软件做简单介绍。基于 Photoshop 的笔刷与图层蒙版是数字绘画中比较常用的工具，在此将进行具体的操作介绍，让读者对 Photoshop 这款软件有一个基本认识。

#### 1. Photoshop 软件的界面

　　现在以 Photoshop CS6 版本的 Photoshop 界面为例（见图 3-11）进行讲解，Photoshop 界面涵盖了菜单栏、属性栏、工具栏、调板区。菜单栏在 Photoshop 界面的上方，常用的一些命令都在其中；属性栏主要展现工具栏中所选中工具的一些选项信息；工具栏包含绘图和修图的工具；调板区中安放着色彩、图层等各种调板。

图3-11

界面中的工具栏与调板区（见图 3-12 和图 3-13）可以随意移动。将鼠标置于工具栏与调板上方，并按住左键，就可以拖动到任意位置。

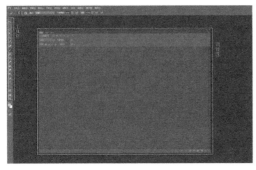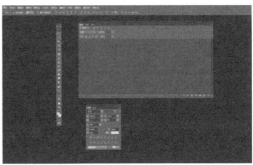

图3-12　　图3-13

如果不小心将工具调板弄乱（见图 3-14）或者不小心关掉了某调板，可以单击菜单栏中的"窗口 - 工作区 - 复位基本功能"，如图 3-15 所示，就可以将窗口恢复到原始状态，如图 3-16 所示，所有工具栏又恢复原状了。

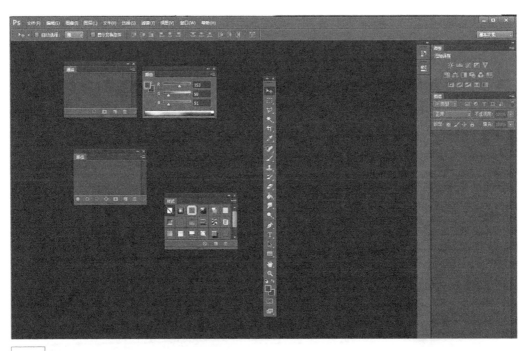

图3-14

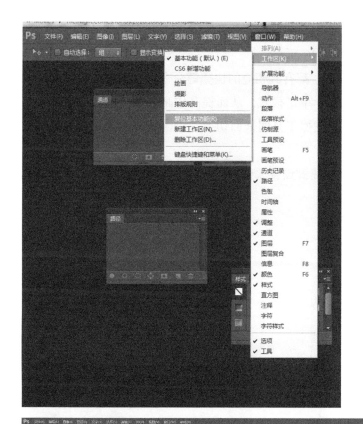

图3-15

图3-16

## 2. Photoshop 软件的工具栏和快捷键

工具栏中的各项工具介绍如图 3-17 所示。

Photoshop 工具栏中的每个工具，都有其相应的快捷键命令。快捷键命令是操作一个或几个简单的键盘字母来替代鼠标单击模式，从而提高作画效率。例如在作画的时候，画师经常需要在笔刷工具与橡皮擦工具间来回切换，用快捷键的方式就可以节省鼠标来回单击选择的时间。

Photoshop 软件所有工具的"快捷键设置"面板在上方菜单栏的"编辑"下拉菜单里，如图 3-18 和图 3-19 所示。

工具栏的快捷键如图 3-20 所示。

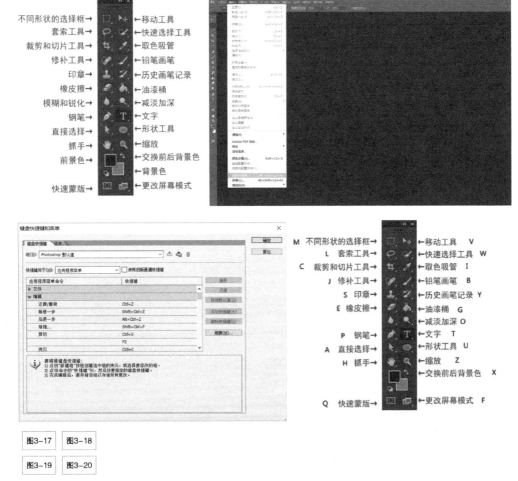

图3-17　图3-18

图3-19　图3-20

## 3. Photoshop 软件的笔刷工具

Photoshop 软件工具栏中的画笔功能非常强大，笔刷种类纷杂。下面我们对笔刷工具的基本使用与设置进行介绍。

**步骤一：** 打开一张画布。单击 Photoshop 窗口界面"文件"-"新建"菜单，如图 3-21 所示，在设置窗口将画布名称命名为"笔刷测试"，长宽尺寸设置为 1280 像素、720 像素，分辨率设置为 300 像素 / 英寸，其他参数为默认值，如图 3-22 所示。效果如图 3-23 所示。

图3-21　图3-22

图3-23

图 3-23 中，左边空白的窗口是刚刚建立的"笔刷测试"画布文件。右边有色彩窗口、图层窗口等调板窗口。图层窗口目前已经有了一个"背景"图层，我们可以直接在背景图层上作画。但是为了编辑方便，最好新建一个图层，在新建的图层上进行笔刷测试，即接下来的操作。

**步骤二：** 新建一个透明图层。操作如图 3-24 所示，在图层面板下方单击"创建新图层"图标，在图层面板的"背景"图层上即出现了新的图层 1，如图 3-25 所示。

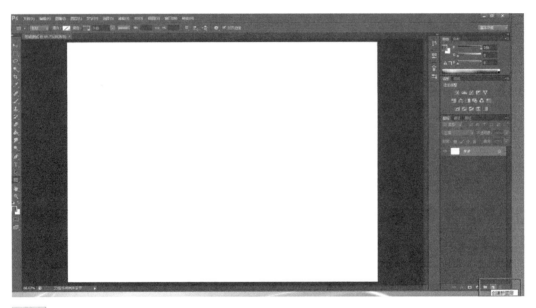

图3-24

图3-25

　　新图层命名是系统默认的，我们也可以对其进行自定义命名。选中图层1，然后双击图层1，图层1文字就变成可以输入的状态，如图3-26所示。删除"图层1"，然后输入"笔刷测试"，按回车键，图层命名就改变了，如图3-27所示。

**步骤三：** 到主界面测试笔刷。先选中工具栏中的笔刷工具，然后单击上方菜单中的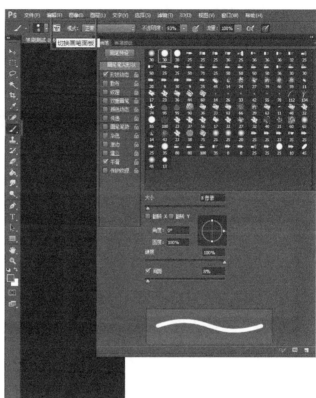，即弹出画笔预设面板，如图 3-28 所示。

图3-26

图3-27　图3-28

在画笔预设面板中可以看到右边有很多种画笔，每一种画笔都有相应的参数提示。例如，用鼠标选中笔刷 30（见图 3-29），选中的笔刷边框显示为蓝色；在下方是笔刷的各种信息：大小 32 像素，角度 0°，圆度 100%，硬度 100%，间距 25% 等参数；最下方显示出这种笔刷画出来的效果。我们可以在画布上测试绘画，如图 3-30 所示。

还可以在界面上方，打开笔压效果，则笔刷带有了两边尖的效果，在画布上绘画也有了在纸张上作画的笔触感，如图 3-31 和图 3-32 所示。

画笔的这些参数信息都可以随意调整，如图 3-33 所示。将大小改为 29，角度改为 58 度，间距改为 140，改变后的笔刷效果立即在图 3-33 中可以见到。

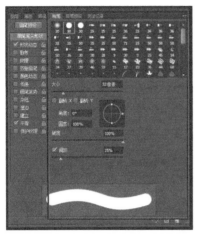

图3-29　图3-30

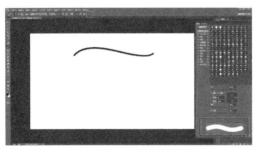

图3-31　图3-32

图3-33

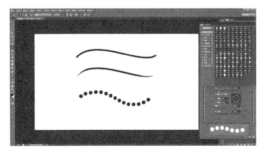

　　下面，再来看面板上左边的参数，目前"形状动态"与"平滑"两项已被勾选，深蓝色的"形状动态"处于被选中状态，右边呈现的是被选中状态的"形状动态"的各项可调信息，如图3-34所示。

　　勾选"散布"选项并单击激活"散布"面板，右边显示散布参数面板，如图3-35所示。

　　我们可以对其面板上的散布、数量、数量抖动效果进行调整。例如，将散布参数改为420%，数量改为2，"控制"选中"渐隐"，如图3-36所示，其笔刷效果就可以在图3-37中显示。这种点状的笔刷非常适合绘制梦境、水下泡泡等效果。

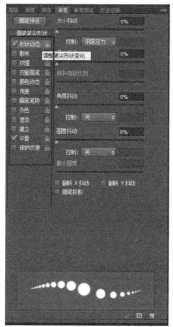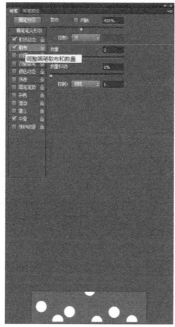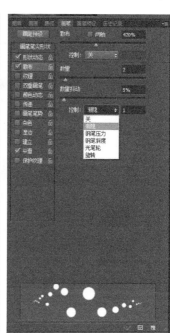

图3-34　图3-35　图3-36

打开湿边效果，会发现绘制出来的画笔有了水彩的透明效果，如图 3-38 所示。

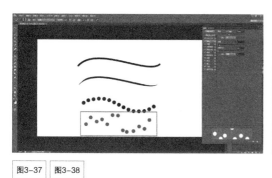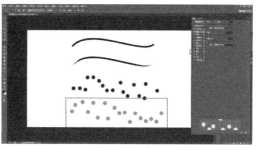

图3-37　图3-38

Photoshop 上的每一款笔刷都可以结合各种功能，叠加营造出各种笔刷效果。在绘画中最常用的还是常规画笔，但是可以从网络中将特殊笔刷下载到笔刷库中。下面介绍如何将一个新的笔刷导入笔刷库。

### 4. Photoshop 软件的笔刷素材导入

**步骤一：** 下载笔刷素材。现在网络上可以下载到很多免费笔刷，如图 3-39 所示，上网搜索"Photoshop 笔刷"，可以找到很多笔刷素材。

笔刷的文件扩展名为 .abr，将下载的笔刷放入新建的"笔刷"文件包中，三种笔刷名字和后缀名如图 3-40 所示。

图3-39  图3-40

**步骤二：** 导入笔刷素材。打开 Photoshop 软件，选中画笔工具，在画笔调板栏上选择"画笔预设"，如图 3-41 所示。

在弹出的界面窗口中单击右上角"设置"按钮，在下拉窗口栏里选择"预设管理器"，如图 3-42 所示。

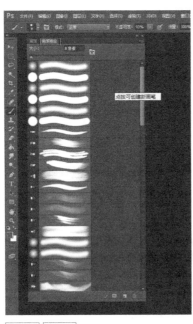

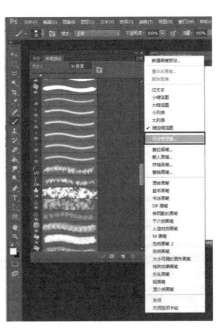

图3-41  图3-42

在弹出的"预设管理器"窗口中单击"载入",如图 3-43 所示。

在"载入"窗口中选择下载好的笔刷存储位置,选择所有的笔刷文件,单击右下角的"载入"命令,如图 3-44 所示。

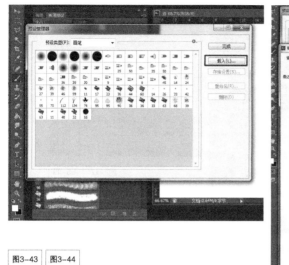

图3-43　图3-44

之后在预设管理器中就可以看到新载入的笔刷,单击"完成",如图 3-45 所示。

然后,我们就可以在笔刷调板中运用新加载的笔刷了,如图 3-46 所示。

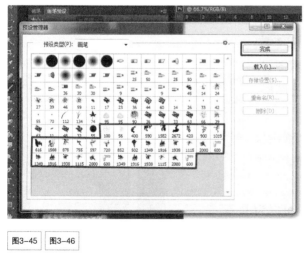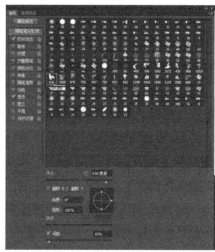

图3-45　图3-46

### 5. Photoshop 软件的图层面板

Photoshop 的图层面板是进行图层编辑的工具。我们先新建一个文件,默认文件名,如图 3-47 所示。打开图层面板,如图 3-48 和图 3-49 所示。

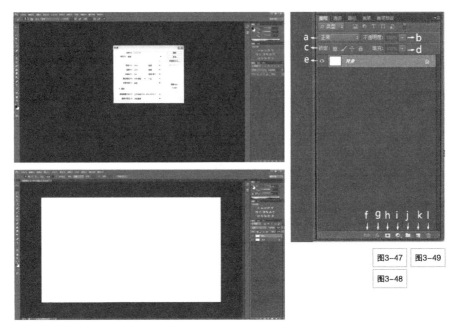

图3-47　图3-49

图3-48

图层面板上的参数信息介绍如下。

a - 图层混合模式。在右侧下拉列表中可以选择不同的图层混合模式，如图3-50所示。

b - 不透明度。用于图层的透明度设置。

c - 锁定。可以指定需要锁定的图层，选项有"锁定透明像素""锁定图像像素""锁定位置"和"锁定全部"。

d - 填充。用于上色时调整色彩透明度参数。

e - 图层上的眼睛。用于显示与隐藏图层。

f - 链接图层。选中两个或两个以上图层，激活该按钮，可以创建图层链接。

g - 添加图层样式。单击该按钮，弹出快捷菜单，如图 3-51 所示，可以选择样式用于当前工作图层。

h - 添加图层蒙版。单击该按钮，可以为当前工作图层添加一个图层蒙版。

i - 创建新的填充或调整图层。

j - 创建新组。单击该按钮，可以创建一个新图层组。

k - 创建新图层。单击该按钮，可以创建

图3-50　图3-51

一个新的透明图层。

1 - 删除图层。

在 Photoshop 软件中可以创建各种类型的图层，比如背景图层、文字图层和蒙版图层，不同类型的图层之间可以互相转换。

①背景图层

新建文档后，图层面板上有一个"背景"图层。背景图层是一种不透明的层。绘制的时候，一般会单击下方的创建新图层按钮，在新建的透明图层上绘画，如图 3-52 和图 3-53 所示。

②文字图层

文字图层是使用文字工具建立的图层。单击工具栏上的  按钮，激活文字按钮后，Photoshop 界面上方的属性栏 也相应地呈现文字信息，如图 3-54 所示。

图3-52　图3-53

将鼠标放在文档中即可用键盘打字，按回车键后，文字输入便完成了，左边的文字图层也会出现输入的文字，如图 3-55 所示。

图3-54　图3-55

单击文字属性栏上的 ，弹出"切换字符和段落面板"，在该面板上有字体类型、字体大小、字形、字距等参数信息，以及字体颜色信息，如图 3-56 所示。

单击颜色旁的色彩信息，弹出拾色器窗口，选择颜色，单击"确定"，文字的色彩随之改变，如图 3-57 和图 3-58 所示。

图3-56　图3-57

图3-58

③蒙版图层

蒙版图层是图像合成的重要手段，蒙版功能相当于橡皮擦，并且它可以无限还原擦除的部分，所以十分实用。下面讲解蒙版图层的添加和使用。

以文字图层为例，先选中文字图层，然后单击图层调板下方的"添加图层蒙版"按钮，如图 3-59 所示。文字图层上出现白色方框，如图 3-60 所示，这样就给图层添加了蒙版。

图3-59　图3-60

下面，选中黑色，用画笔在文字蒙版图层上涂抹，被笔刷涂过的字体就被擦去了，如图 3-61 所示。

选中白色，再用画笔在文字图层蒙版上涂抹，就能还原被擦去的字体，如图 3-62 所示。

简单地说，图层蒙版就是一个可以被还原的橡皮擦工具，用黑色擦去，用白色还原，与橡皮擦相比，它的好处在于可以不破坏原图，可以无限还原，此外还可以擦出半透明的质感。例如，将其中白色改为灰色，如图 3-63 所示，然后用灰色画笔涂抹文字，文字就呈现出半透明的质感，如图 3-64 所示。

图3-61　图3-62

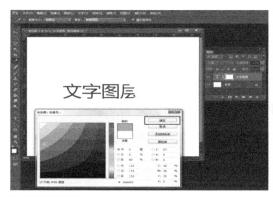

图3-63　图3-64

　　图层蒙版中的颜色涂抹可以总结为：纯黑色为擦除，纯白色为还原，其他颜色都为透明擦除。其中透明的程度与色彩的深浅有关，色彩越偏黑色，擦除效果越强；色彩越偏白色，擦除效果就越弱。

## 二、SAI 基本操作

　　SAI 是 Easy Paint Sai 的简称，该软件是由 SYSEAMAX 公司开发的一款绘图软件。相比于 Photoshop，SAI 软件十分小巧，安装简易；此外，SAI 没有 Photoshop 强大的图像后期功能，但是在绘图功能上，SAI 有更加人性化的设计，比如可以任意旋转、反转画布、缩放时不会有锯齿；还具有让画师们非常兴奋的手抖修正功能，这大大改善了用手绘板画图时线条抖动的情况。因此，SAI 软件更适合不需要图像后期处理，而侧重用手绘板绘画的用户。下面，我们对这款软件的基本界面和笔刷工具进行简单的介绍，让读者对这款软件有一个初步的认识。

### 1. SAI 软件的界面

SAI 软件打开界面如图 3-65 所示，界面涵盖了菜单栏、色彩栏、工具栏、图层栏和绘画区。

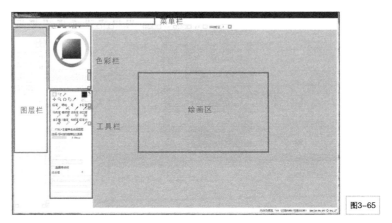

图3-65

在菜单下方有一个工具栏，如图 3-66 所示，目前工具栏中很多工具都不可用，因为这些工具在处理文件时才会被激活。

例如，新建一个文件夹，单击菜单上"文件"-"新建文件"，如图 3-67 所示，弹出"新建图像"对话框，默认设置不变，单击"确定"，如图 3-68 所示。

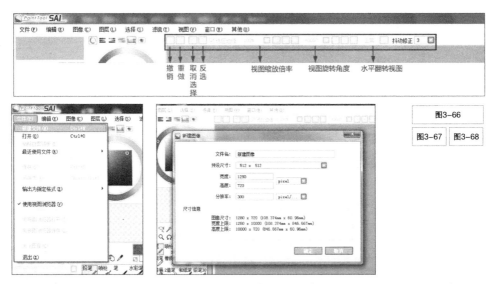

图3-66

图3-67　图3-68

然后，在工具栏上除了"选择"工具，其他工具都处于可设置状态了，如图 3-69 所示。

"选择"工具则是需要在被选择状态下才能激活和运用。例如，用工具栏上的铅笔工具 先在画布上写"sai"，然后单击工具栏上的选择工具 ，在画布中任意拉出一个选区，然后工具栏上方的"撤销"工具和"选择"工具就都处于可编辑状态了，如图 3-70 所示。

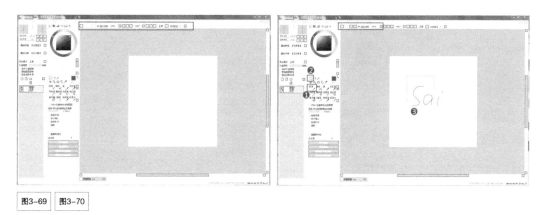

图3-69　图3-70

## 2. SAI 软件的快捷键

快捷键可以使绘画效率提高，所以记住常用工具的快捷方式是一个良好习惯。SAI 软件的各项快捷设置在菜单栏里的"其他"-"快捷键设置"中，如图 3-71 所示，弹出"分配快捷键"窗口，可以查找，也可以更改快捷键。图 3-72 的左边显示的就是快捷键与对应的工具。

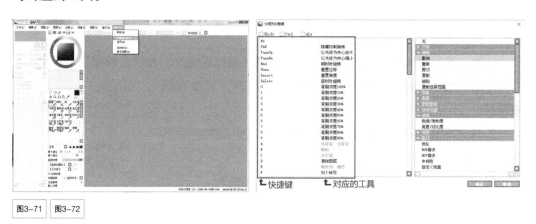

图3-71　图3-72

## 3. SAI 绘画工具介绍

SAI 的绘画工具栏如图 3-73 所示，从上往下进行介绍。

①色轮，显示各种颜色，主要用于颜色的选取。

②自定义色盘，可以保存平时吸收到的好看的颜色，右键单击小格子，然后选择"添加颜色"即可。

③前景色和背景色。

④各类笔刷及橡皮。

⑤形状选取和调整工具栏，放大后详见图 3-74。

（1）SAI 的笔刷工具

SAI 的笔刷工具栏中有铅笔、喷枪、笔、水彩笔、马克笔等各种笔刷，如图 3-75 所示，最常用的画笔绘制效果如图 3-76 所示。

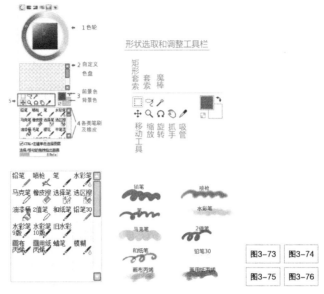

图3-73　图3-74

图3-75　图3-76

①铅笔的笔触没有深浅变化，线条边缘比较硬。

②喷枪的线条则有很好的柔和过渡效果。SAI的绘图工具里没有"渐变色油漆桶"工具，所以常用喷枪来绘制渐变色。

③笔，类似油画笔，效果更软一些，混色效果比铅笔好，是厚涂的主要上色手段。

④水彩笔是一个非常神奇的工具，重涂上色，轻涂有模糊效果。

⑤马克笔是一种半透明效果的笔刷，不适宜画深色和不透明的地方。

⑥2值笔画出的线条边缘有噪点，有粗糙的颗粒。

⑦和纸笔的笔触则如在宣纸上作画，有晕染的效果。

⑧铅笔30的笔触很硬，有点像HB铅笔。

⑨画布丙烯和画用纸丙烯的笔触都很干燥，适合绘制厚涂的油画。

SAI的笔刷和Photoshop一样都是非常丰富的，在网上可以下载很多笔刷包。但是，建议SAI的初学者绘制时多运用软件自带的笔刷，毕竟笔刷效果只是绘画的辅助手段，让画面锦上添花，但是基本功才是提升画面最重要的因素。建议掌握最基础的铅笔、喷枪、笔、水彩笔、马克笔等软件笔刷之后，再下载笔刷包扩充笔刷库。

（2）笔刷的设置

笔刷工具栏还包括笔刷的参数调整设置窗口，如图3-77所示，红色框内的各参数如笔刷软硬度、笔压、形状材质等

图3-77

参数都可以根据需要自由调节。

笔刷的形状材质选择是指对笔刷形状与画质要求进行设置，在没有特殊选择的情况下，即在"通常的圆形笔刷"+"无材质"情况下，铅笔绘制出来的线条正常而没有特殊附加效果，如图 3-78 所示。

从图 3-79 和图 3-80 可以看到，笔刷的形状和纸张的类型都有非常丰富的选项。

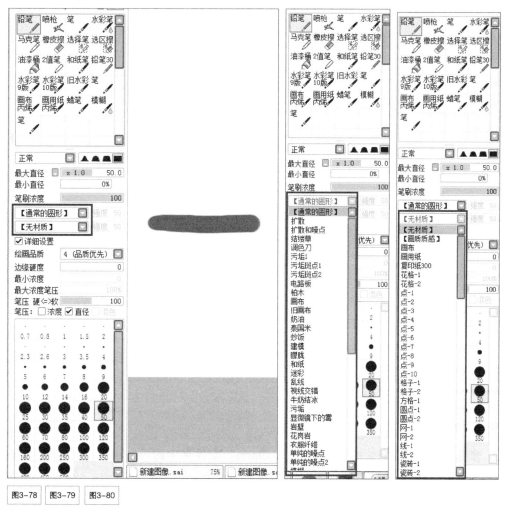

图3-78　图3-79　图3-80

在不同的组合下，笔刷和纸张丰富多样的效果可以产生独特的笔触效果。例如，画笔形状选择"扩散"，纸张选择"画布"，如图 3-81 所示，笔触的边沿呈现扩散渐变色，好像在画布上晕染开的效果。

（3）笔刷的导入方式

熟悉初始笔刷后可以尝试接触网上的各类笔刷。

**步骤一：** 在网页上搜索任一款笔刷，然后下载。

**步骤二:** 关闭 SAI 软件。注意,一定要先关闭软件再安装笔刷。打开 SAI 文件夹,如图 3-82 所示。

**步骤三:** 打开"toolnrm"文件夹,如图 3-83 所示。

图3-81　图3-82

图3-83

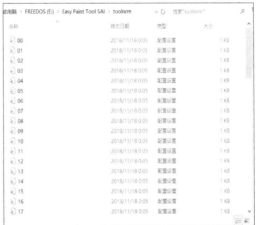

**步骤四:** 把下载完成的笔刷放入"toolnrm"文件夹中即可,再打开 SAI 软件就会看到下载的笔刷了。

### 4. SAI 软件的图层运用

在 SAI 页面左侧是图层区域,如图 3-84 所示。

①缩略图。画细节时画面需要放大很多,可以通过缩略图把握画面整体感受;下方的缩放倍率和旋转角度是对画布的操作。

②画纸质感。软件自带一些画纸质感,可以在"Easy Paint Tool SAI\papertex"文件夹看到效果展示图,如果想要更多效果,可以把图片安装到这个文件夹。另外,也可以从网上下载画纸质感。

③画材效果。目前画材效果只有水彩边缘,当调整强度数值时,数值越高,效果

越明显。

④图层混合模式。混合模式有正常、正片叠底、滤色、发光、阴影等，在后面章节中会详细展示效果。

⑤保护不透明度。勾选后则只能在当前图层有颜色的地方修改。

⑥剪贴图层蒙版。类似 Photoshop 中的图层蒙版功能，就是在已经画好的某图层上新建一个图层，勾选"剪贴图层蒙版"后，则画在新空白图层上的东西仅限于它下面图层的有色部分。

⑦指定选区来源。使用选区工具时，即使不在一个图层也按照选区来源选择区域。

⑧新建图层、新建钢笔图层、新建组。

⑨图层前的眼睛图标表示隐藏或者显示图层，笔图标表示编辑或禁止编辑图层。

图3-84

# 第 4 章

# 数字插画创作的基本流程

插画作品从酝酿到诞生，这个过程看似神秘其实有规律可循。本章阐述数字插画的一般创作流程，并详细介绍在每个步骤中创作者进行的具体工作。

◆本章学习目标

1. 了解数字插画的创作流程。

2. 掌握数字插画创作流程中各阶段的任务。

# 第 1 节
## 选题与文字脚本

选题就是在创作前先考虑作品想要表达的内容和主题，对其故事情节、画面风格、读者对象有一个大致的设想。在落实选题内容后，就可以开展有针对性的素材收集工作了。

文字脚本，是指根据选定的创作主题，在前期素材收集的基础上，根据叙事逻辑进行画面内容的归纳整理，编写成有情节的故事。它是后期创作的重要依据和参考，可以帮助创作者理清创作思路，把握故事情节发展，控制画面节奏和整体风格。

这里以学生作品《青鸟》为例，讲解选题和文字脚本。

《青鸟》（作者：吴倩芸）的创作定位是儿童绘本，文字脚本改编自比利时象征派作家莫里斯·梅特林克的代表作童话剧《青鸟》。

《青鸟》的文字脚本：

- 家境贫寒的蒂蒂尔和米蒂尔兄妹住在森林边上，他们的爸爸是伐木工。
- 一个平安夜，邻居贝林葛太太忽然来到蒂蒂尔家中。
- 贝林葛太太要拜托两兄妹去异世界寻找青鸟，为她的女儿治病。
- 贝林葛太太把家中的小狗、小猫、牛奶、面包、糖、水、火与灯光都变成了人。蒂蒂尔和他们在灯光精灵的指引下出发了。
- 寻找青鸟的一路上，他们经过了怀念之地、夜宫、森林、墓地、享乐宫殿、光明神殿和未来国度，发生了各种各样的故事。
- 在此期间，青鸟总是一次又一次与他们擦肩而过。
- 回到家中后，大家发现，原来妈妈要送他们的圣诞礼物就是青鸟。

# 第 2 节
## 创意与构思

创意最能体现设计思想的内涵和灵魂。对于插画设计师而言，创意主要表现在对设计项目的想象、幻想、分析和推理上，最终创造出一个好的理念、构想及点子，使插画作品产生打动人心的力量。

构思是艺术创作的思维活动，插画的思维活动属于形象思维。

插画设计在形式上不拘一格，创作手法十分自由，既可以采用素描的表现手法，也可以选择油画、水彩、涂鸦等手法，画面既可以写实，也可以抽象。针对具体的插画项目，应该综合考虑其主题内容、传播对象、传播途径以及传播目的等方面，然后决定运用什么样的方法，选择什么样的风格，以达到预期的目的和效果。

这里仍以《青鸟》为例，因为它的定位是儿童绘本，所以前期构思中，无论在整体画面色调方面还是角色造型上，都选择了儿童喜欢的形式，如整体色彩柔和温暖，角色的脸都是圆乎乎的，亲切又可爱。

# 第3节
## 素材采集与参考

插画素材是根据插画主题和任务收集的能够反映主题的各种原始形象资料、技法资料等。采集素材是很重要的环节，资料收集得越充分，后期的制作就越简便。由于前期已经确定了主题，此时在素材的收集上应强调有的放矢，对在表现过程中可能出现的问题做到心中有数，这样在寻找素材时可以节省很大的精力，而不用在急需参考素材时大海捞针般满世界乱找。

素材的内容可以是人或者物，也可以是环境等元素。素材的形式可以是拍摄的照片，也可以是随手勾勒的草图，或者是一些优秀画作。素材收集的方法有网络素材收集、照相机拍摄等，创作来源于生活，素材收集一般要与生活体验相结合，平时生活中有所触动的见闻要及时记录保存下来，这也是激发创作灵感的重要方法。

学生作品《青鸟》在创作之初，作者做了大量的前期调研和素材收集整理的工作。

（1）收集了一些喜欢的艺术家的作品，如亚当·雷克斯（Adam Rex）、加平斯卡（Gapchinska）、奈良美智、克莱门特·莱夫佛雷（Clement Lefevre）等大师的作品，如图4-1～图4-4所示。在最终的画风上比较多地借鉴了法国童书画家Clement Lefevre的作品。

（2）收集了插画内容所需的角色、场景、道具等实物图片，如图4-5和图4-6所示。

作者：Adam Rex
（美国）

图4-1

作者：Gapchinska
（乌克兰）

图4-2

作者：奈良美智
（日本）

图4-3

作者：Clement
Lefevre（法国）

图4-4

图4-5

图4-6

# 第4节
## 草图设计

　　正式开始插画的绘制之前都会先进行草图的勾勒来找"感觉"。这个阶段可以将前期准备工作中的各种因素综合，然后围绕主题内容进行展开来确定画面的构成，做到形式和内容的完美结合。

　　画草图其实是在做规划，将内心的想法视觉化。草图可以先记录最初的想法和创意，不论是细致具体的记录还是寥寥数笔的随手涂鸦，都是插画创作过程中非常重要的一步，当然尽可能多地表现出细节可以增加草图的可理解性。

　　草图是插画创作者的创作依据，许多成功的插画大师都会随时记录下日常生活的点点滴滴。草图可以多多绘制，最终确定出最贴近主题内容的草图。为了及时抓住灵感，《青鸟》的作者勾勒了大量草图，有纸质手绘，也有计算机直接绘制，如图4-7 ~ 图4-9所示。

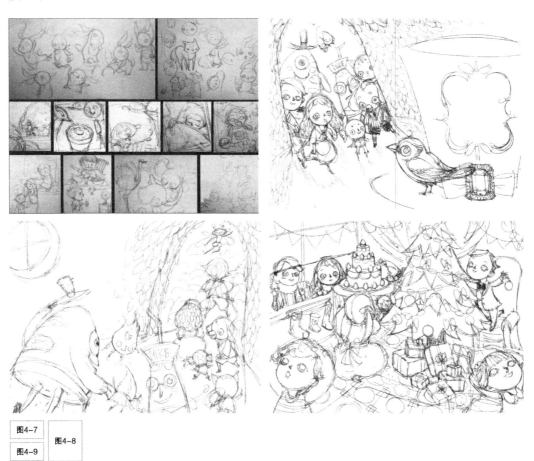

图4-7
图4-9　　图4-8

# 第5节
# 计算机扫描绘制

　　草图绘制可以使用计算机，也可以选择手绘的形式。《青鸟》的草图便是以手绘形式完成的，草图绘制完成后还需要扫描到计算机，再进行上色。在上色前如有必要，比如可以根据整体画面效果对边缘线的要求，选择是否在上色前先进行计算机勾线清一遍稿。

　　作品《青鸟》是将手绘草图扫描到计算机后直接进行上色这一步骤的，并没有进行清稿。一方面，是因为本作品最初考虑的画面效果是舍弃边缘线，直接采用厚涂的上色技法，简单来讲，类似于油画技法，以色彩堆砌形体来塑造画面质感，最初的线稿会被色块层层覆盖；另一方面，也在于《青鸟》的前期草稿线条比较清晰准确，作者技法娴熟，对自身创作内容了然于胸，能够直接在相对潦草的草图上上色。当然，如果手绘草图过于潦草凌乱，还是建议先进行计算机清稿，勾勒出准确干净的线条之后再上色，这样可以确保后续上色工作进展顺利。效果如图 4-10 ～图 4-12 所示。

图4-10　图4-11

图4-12

第 5 章

## 数字插画的基本要素

　　插画创作的新手经常会苦恼于动笔之前脑袋空空没有想法，或者担心绘制过程中才发现画面太过单调乏味，以至于中途搁笔画不下去。想要掌握数字插画的创作方法，除了坚持不懈地练就扎实的基本功，还需要在平时多浏览优质插画作品，尤其是大师级的作品，以拓宽眼界并提高审美水平。本章将运用大量优秀实例作品来介绍数字插画所涵盖的基本要素。

◆本章学习目标

　　1. 了解数字插画创作的基本要素。

　　2. 在实际创作中掌握数字插画基本要素的运用和表现。

# 第1节

# 构图

　　构图是绘画的第一步，是绘画的基本要素。所谓构图，是指绘画时根据题材和主题思想的要求，把要表现的形象适当地组织起来，构成一个协调完整的画面。构图包括水平构图、垂直构图、S 形构图、三角构图、中心式构图、斜线构图、圆形构图、对称构图、围合构图等。

　　（1）水平构图（见图 5-1 和图 5-2）。水平构图是一种最基础的构图法，具有平静、安宁、稳定等特点，常用来表现大面积展示的场景，比如风平浪静的湖面、一望无际的大草原、熙熙攘攘的人群。

作者：章璐

图5-1

作者：林芊芊

图5-2

（2）垂直构图（见图5-3 ～图5-5）。垂直构图可以给人传达一种安静、稳定的情绪。垂直的线条象征庄严、坚强、有支撑力，传达出一种永恒性，经常用来表现建筑物的气势和稳定感。

作者：汪梦夫

图5-3

作者：林芊芊　作者：余春瑶

图5-4　　　图5-5

（3）S形构图（见图5-6和图5-7）。S形构图是指物体以"S"的形状从前景向中景和后景延伸，画面构成给人纵深方向空间关系的视觉感，一般常见于河流、道路、铁轨等。这种构图的特点是画面比较生动，富有空间感。Z 形构图特点与 S 形类似。

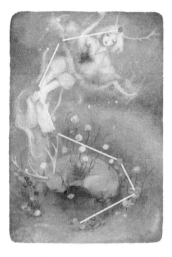 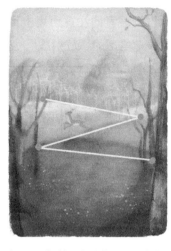

作者：余春瑶

图5-6　图5-7

（4）三角构图（见图 5-8 和图 5-9）。三角构图是指以三个视觉中心为画面的主要位置，有时以三点来安排画面，形成一个三角形，正三角形具有安定、均衡但不失灵活的特点，倒三角形则具有不稳定、更活泼的特点。

作者：章璐

图5-8

作者：吴倩芸

图5-9

（5）中心式构图。中心式构图是一种将主体放置在画面中心的构图。这种构图方式最大的优点就在于手法简单、主体突出。中心式构图包括放射线构图和旋涡构图等。

①放射线构图（见图5-10）。放射线构图是以主体为核心，景物向四周扩散的一种构图形式。这种构图可以把观者的注意力集中到画面中心主体，又能起到开阔、舒展、扩散的作用。烟花就是非常典型的"放射线"，还有自然界的花开。

②旋涡构图（见图5-11）。旋涡构图利用旋涡似的旋转效果，使旋转中心更具吸引力，能引导观者关注画面的核心。

（6）斜线构图（见图5-12）。斜线构图给人一种倾倒的感觉，具有极强的动感，能引导视觉线，体现画面纵深空间感的效果。

作者：林芊芊

图5-10

图5-11

作者：胡梦瑶

图5-12

（7）圆形构图（见图5-13和图5-14）。圆形构图把景物安排在画面的中央，给人团结一致的感觉，没有松散感，但这种构图模式活力不足，缺乏冲击力。

（8）对称构图（见图5-15）。对称构图的画面更加平衡、稳定、相呼应。

（9）散点构图（见图5-16）。散点构图看似杂乱实则有序。

作者：林芊芊

作者：翁佩佩

作者：林芊芊

图5-16

　　绘画前我们往往会在脑中构想，但是画面是有框有界限的，把无限的创作放在有限的空间里，就需要我们学会构图。首先，思考这幅画面的选纸是要横版还是竖版的，还是特殊纸样？还要思考是以人物为主的绘画还是风景插画？最主要表现什么？如果仍不知道画什么，不如在画纸上随意勾勒一些线条，再想象这些线条能构成什么样的画面。

　　当你的画纸上有一些成型的点线面时，就可以修改构图，不断调整，逐渐靠近你想象的画面。但这时要注意画面的平衡性，画面平衡是指画面中的被摄对象处于相对平衡的状态，从而在视觉上产生稳定感、舒适感。不过，不要太过横平竖直地表现画面，要注意视觉引导，让图片有起有伏、有让视线聚焦的地方，并主要细致地勾勒某几处，如图 5-17 所示。

作者：吴悠

图5-17

# 第2节

## 色调

色调是指图像的相对明暗程度，在彩色图像上表现为颜色。

关于色调有以下几个相关概念。

（1）互补色（见图 5-18）。在光学中两种色光以适当的比例混合而产生白光时，这两种颜色就称为互补色。例如，红色与青色互补，蓝色与黄色互补，绿色与品红色互补。互补色并列在一起时，会引起强烈对比的色觉，会让人感到红色更红、绿色更绿。

（2）对比色（见图 5-18）。两种可以明显区分的色彩，叫对比色，包括色相对比、明度对比、饱和度对比、冷暖对比、补色对比、色彩和消色的对比等。对比色是构成明显色彩效果的重要手段，也是赋予色彩表现力的重要方法。黄和蓝，紫和绿，红和青，任何色彩和黑、白、灰，深色和浅色，冷色和暖色，亮色和暗色等都是对比色关系。

（3）邻近色（见图 5-19）。色相环中相距 60 度，或者相隔五六个数位的两色，为邻近色关系，属于中对比效果的色组。邻近色的色相彼此近似，冷暖性质一致，色调统一和谐，感情特性一致，如红色与黄橙色、蓝色与黄绿色等。

（4）同类色（见图 5-20）。同类色指色相性质相同，但色度有深浅之分的颜色（是色相环中 30° 夹角内的颜色）。

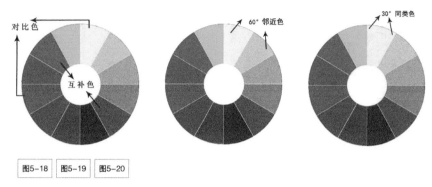

图5-18　图5-19　图5-20

如果对自己上色没有自信，可以用黑白画面练手，黑白灰是感受视觉传递和缓和画面最好的练习色调。从单色的插画，到同色系的插画、三原色的插画、强烈对比的插画，逐步练习，色调的运用能力就会逐步提高。

这张单色调画面（见图 5-21）运用单一的紫色表现冬日的寒冷、寂寞，又显出几分自娱自乐，不同深浅的紫色表现空气感和距离感的效果很好。

作者：赵凯娅

图5-21

冷色调的画面（见图 5-22）主要运用各种深浅的蓝色，营造深夜会面时静谧浪漫的氛围。

暖色调的画面（见图 5-23）中暖暖的橙色光把整个画面营造出武侠电影的感觉，适当虚化光照不到的地方，使整个画面的中心非常吸引眼球。

作者：孙刻蕴

图5-22

作者：张恒

图5-23

　　冷暖色对比的画面（见图 5-24）尤其适合表现在暗色环境里的火焰和发光发亮物体，能让发光的物体更明亮，通过明暗交界线表现出强对比的效果。

作者：吴悠

图5-24

　　一幅作品的色彩搭配不宜过多，一般最多控制在 5 至 10 种颜色，并且应该有一个主色调，以区分画面主次，避免造成杂乱和失衡，也就是我们平时所说的画面很"花"。如果想要营造特殊画面效果，比如需要强调色调的某个调性，可以酌情添加或减少颜色种类。色彩搭配比例的案例如图 5-25 ~ 图 5-27 所示。

图5-25　图5-26

图5-27

# 第3节
## 空间与光影

　　空间感就是在绘画中依照几何透视和空气透视的原理，描绘出物体之间远近、层次、穿插等关系，让平面的画面也能有立体的有深度的感觉。

　　电影镜头可以营造空间感，运用摄像头的推拉摇移效果，展现画面不同的重点，如图 5-28 和图 5-29 所示。这种电影镜头语言现在被广泛运用于数字插画设计中。营造画面空间感，需要了解一个重要概念——景别，景别是指由于摄影机与被摄体的距离不同，而造成被摄体在摄影机寻像器中所呈现出的范围大小的区别。景别一般可分为 5 种，由近至远分别为特写（人体肩部以上）、近景（人体胸部以上）、中景（人体膝部以上）、全景（人体的全部和周围背景）、远景（被摄体所处环境）。特写和近景尤其常以人物面部的眼睛为画面重点，中景、远景则以动作表现更明显。

作者：章璐

　　图 5-30 中的近景是屋内主角的背面，中景是祭拜的人群，远景是木架和云彩。近景和中景的画面描线清晰，远景中的景物无论线条还是明暗色彩都相对较淡。作者还运用了电影的虚实手法，营造人群中的对焦效果，更加深了画面的层次感。

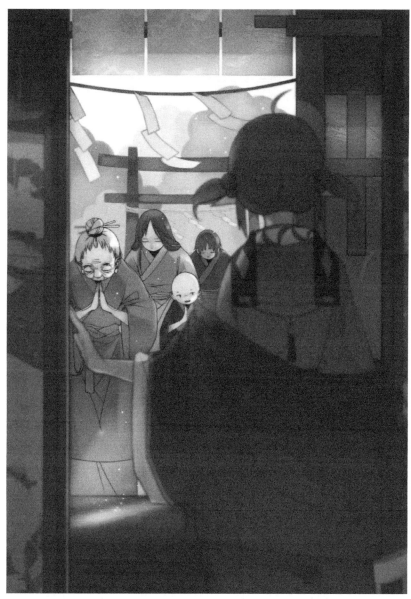

作者：张恒

图5-30

空间表现经常运用构图的数理分割方法，如等差数列比、等比数列比、黄金分割等。黄金分割指将整体画面一分为二，较大部分与整体部分的面积的比值等于较小部分与较大部分的面积的比值，其比值约为 0.618。这个比例被公认为是最能引起美感的比例。

空间塑造可以运用透视关系，常见透视有一点透视、成角透视、三点透视等。透视的基本原则有近大远小、近实远虚等。生活中观察平行的公路会消失于无穷远处的一个点，这个点就是一点透视的消失点，而可以把公路形象地看成是视平线。在绘图中为了营造立体关系以及仰视或者俯视的效果，就必须用到成角透视或三点透视。

一点透视如图 5-31 所示，成角透视如图 5-32 所示。

作者：刘晓晔

作者：孙刻蕴

　　光影原本只是日光和阴影，当光照射在球体上时，会形成三种面：暗面、亮面和灰面，就是我们俗称的黑白灰，此外，地面上的物体在暗面还会形成反光，再加上投影，绘画中的光影主要就是由暗面、亮面、灰面、反光、投影这 5 部分组成的。了解光影，首先要学会判断光的朝向，即通过光究竟从哪里照射过来来判断光源的朝向。光源有顺光、逆光、侧光、顶光、底光。特殊方向的光可以运用于营造气氛，例如，底光带来恐怖效果，顶光营造圣洁氛围，左侧或者右侧光是最常见的光源，方便刻画人物。

　　插画里的光源常见的是自然光和戏剧光，自然光就是自然环境下的光源，戏剧光类似于舞台光，就是人为营造的光源。一般写实的插画中都是自然光，而动漫插画中大多是戏剧光和自然光的结合。

　　画好光源，首先要了解结构，只有了解了结构，才知道哪里受光，哪里背光。画人物的时候，可以运用几何体简化结构的方法，把人体结构想象成几何体，再根据几何体的朝向来判断哪里是亮面，哪里是暗面。结合色彩来讲，一般最亮的地方在画面中占的地方最少，最亮的边缘多是色彩饱和度最高和较高的地方。尤其画场景时，越希望突出光影中的亮面，则需要越多的画面中的暗面。光影的对比常用于厚涂中画背光的人物。

　　**侧光案例**：在阴影面较大的脸部常有三角形的光斑，可以把身体躯干看成圆柱体来考虑明暗面，如图 5-33 所示。

作者：汪梦夫

图5-33

　　**逆光案例**：人物的边缘最亮。为了表现肌肤的肉感和通透感，逆光物边缘最亮的颜色非常纯，参照图 5-34。

作者：吴悠

图5-34

**底光案例**：底光较少使用，常用于表现恐怖氛围或发光的物体。图 5-35 中以火焰为光源，人物掌心映出红光，下巴最亮，额头在阴影中，这与我们常见光下所画的人物正好相反。

作者：陈超

图5-35

# 第4节
## 肌理

　　画面需要考虑对象的质地，表现得当的肌理能让画面有一种真实的感觉，并且凸显画面主次，也能丰富画面。例如，板绘的水墨画添上宣纸的肌理，营造手绘效果；厚涂人物面部特写添上真人皮肤肌理，营造厚涂效果。肌理有很多素材，在 Photoshop 和 SAI 中都有自带的笔刷肌理，如果想要表现更多肌理可以去网上下载并一一实践。

　　SAI 中各类肌理笔刷展示如图 5-36 所示。肌理效果如图 5-37 所示。

作者：余春瑶

图5-37

　　图 5-37 中的 4 幅连环图搭配不同的氛围，运用了几种不同的肌理，把回忆、快乐、遗忘、大雨重生的几种情绪和环境气氛表现得很恰当。

图 5-38 中的这种笔墨在宣纸上晕染开的效果完美模拟了国画的风格，数字插画的优点就在于此，可以模仿各类实际工具的效果。

作者：孙刻蕴

图5-38

# 第5节

## 表演

富有表现力的画面往往给人情绪以特别的体验，这些画面通常有一个明显的主题，通过饱和度高低或光源明暗构成画面，给人开心、冷静、热情、忧伤等多样的情绪。色彩能影响人的情感，例如，冷色系让人产生和谐平静感，强对比让人产生跳跃鲜活感。

表演有肢体语言上的、表情设计上的，还可以配合场景道具，如眼饰、场地，对表演情绪产生烘托作用。

在图 5-39 中，路人冷冷一瞥，透过金丝边的镜框可以看到淡蓝如海的眼眸不带任何情绪。这幅作品表现了 20 世纪 70 年代国外商业化市场繁荣起步，人们忙忙碌碌来去匆匆的怀旧景象。画面中的黑礼帽、金丝框眼镜、高领风衣都能体现这是一位既精明又讲究的外国男子。

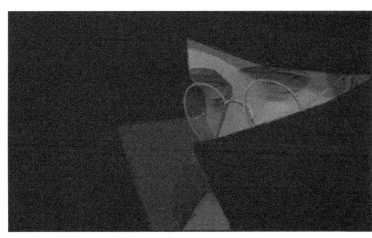

作者：章璐

图5-39

在图 5-40 中，画面被创造性地分割开，营造出一种快速的时间流动感，骑单车的少女大笑着从路人身边掠过，惊鸿一瞥下，街景被塑造得模糊甚至变形，少女发丝飞扬，变现出非常活泼、青春的一面。

作者：章璐

图5-40

# 第6节
## 意境

中国画中一个影响深远的词语"留白"，正是意境的一种表现手法。从艺术角度上看，留白就是以"空白"为载体从而渲染出美的意境的艺术。当画面越来越满时，我们就要靠对比来表达画面的节奏，例如，画面的疏密，物体的动静，色彩的冷暖、明暗、饱和度等，这些都需要对比。把握动静结合、虚实相生以及对画面元素的取舍，才能绘制出有韵律的插画。

　　产生意境需要与前面所学的构图和光影等结合，意境的表现需要日积月累和大胆想象。观察身边现实景色是绘画的基本功，然后多思考。绘画毕竟不是复制，强调重点，舍弃眼前冗杂的物件，久而久之，才能够练出意境。

　　在图 5-41 中，白色的楼梯并没有使画面显得空缺，一位男子慢慢地上楼，目光停驻在墙上的电影海报上，整幅画面有陈旧的气息，用色偏暗，仿佛褪色，画面质感仿佛旧纸，画上注意细节的旧物，以及符合几十年前审美的服装道具，这些元素堆叠起来才构成这幅画面沉沉的怀旧意境。

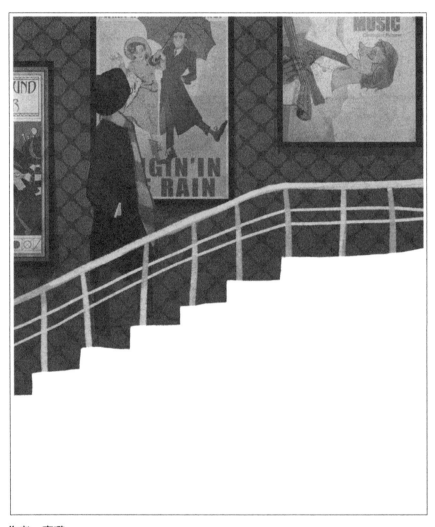

作者：章璐

图5-41

　　图 5-42 的整个画面描绘了外国城镇街头轻松悠闲的午后时光，三楼调皮的小孩，二楼喝咖啡休息的人，一楼买了面包非常开心的女孩，以及整个画面金色的光斑和绿

色飞舞的叶片。画面中小细节很多，但这些细节非常融洽，意境不冲突。

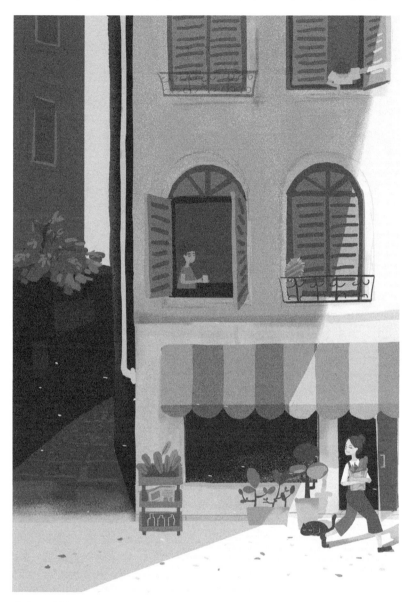

作者：董婷

图5-42

# 第二篇

## 数字插画实践案例与作品欣赏

# 第6章

## 涂鸦风格的插画

涂鸦（如图6-1所示）是目前很普遍的一种数字绘画风格，其绘制方法多样自由，绘制者可以根据自己的个性在画布上肆意挥洒。本章讲述涂鸦常用的绘制手法以及创作流程，读者可以从中举一反三，结合自己的创意，创作涂鸦风格的绘画作品。

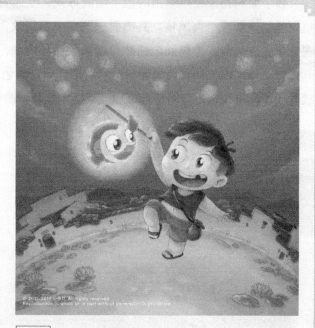

图6-1

◆本章学习目标

1. 熟悉数字涂鸦插画的创作方法和步骤。

2. 熟练运用 Photoshop 等绘画软件进行涂鸦风格插画的创作。

# 第1节
## 涂鸦风格与经典作品荟萃

涂鸦绘画以其多样化的绘画风格，在数字插画领域中广受欢迎，读者们可以从不同绘制者的作品中发现不同的个性。

### 一、涂鸦风格的定义

数字涂鸦是最简单自由的数字绘画方式，绘制者能够不限于传统的绘画技法，通过画笔尽情展现个人风格。其画面感既可小而精致，也可张力十足，给观者以充分的视觉享受。同时，涂鸦插画往往具有故事性与内涵，绘制者将特定主题融入其中，以画抒情，其画面往往包含极强的色彩对比，通过大色块和高饱和度给观者视觉冲击力；或者仅靠简单线条，勾勒出看似随性却能细细品味的画面效果。

### 二、涂鸦风格经典作品荟萃

涂鸦风格经典作品如图 6-2 ~ 图 6-4 所示。

作者：손털（韩国）

图 6-2

图6-3　**作者：**もにおにうむ（日本）

**作者：**Nuria Tamarit（西班牙）

图6-4

# 第2节
## 创作流程和解析

以作品《小鱼灯》为例进行解析，成图如图 6-5 所示。

图 6-5

**作者介绍**

　　沈一帆，新浪微博：@福尔猫斯儿，个人微信公众号：miaostreet。毕业于浙江工业大学，影视动画专业硕士。创立原创动漫 IP "小鱼灯"，导演的同名动画短片在优酷、爱奇艺等网站播放量超千万次，并已出版《小鱼灯》AR 绘本，销量过万册。

　　擅长卡通涂鸦风格，并在"中国风"方面有个人独特的画风。

　　动漫创作观点：如果一部作品能够触及每个人内心中最纯真、美好的地方，那么它将冲破年龄的界限，获得永恒。

**本案例所使用的绘画工具**

铅笔

Photoshop CC

计算机（MacBook / PC）

Wacom 数位板（型号 CTL-409）

## 一、创意构思

　　插画以动漫 IP《小鱼灯》为例，主体角色由穿中式衣服的小男孩与一盏活灵活现的小鱼灯组成，整体造型生动活泼，同时也带有浓浓的奇幻意味，为观者展现了一幅江南独有的童话画面。

　　徽派建筑是中国传统建筑最重要的流派之一，作为徽文化的重要组成部分，历来为中外建筑大师所推崇，主要分布于徽州（今黄山市、绩溪县、婺源县）及严州、金华、衢州等地区。徽派建筑以砖、木、石为原料，以木构架为主。梁架多硕大，且注重装饰，广泛采用砖、木、石雕，表现出高超的装饰艺术水平。历史上徽商在扬州、苏州等地经营，徽派建筑对当地建筑风格产生了相当大的影响。

　　绘制者将徽派建筑作为画面背景，除了可以提高画面丰富程度，而且古朴带有江南特色的建筑给画面风格带来强烈的中国风，提升了作品的故事感。

## 二、素材的收集与参考

　　插画以徽派建筑为背景，需要收集相关建筑的图片素材，以确保画面元素真实可信。作者除了通过网络收集图片，更亲身来到拥有徽派建筑的实地景点进行采风，不仅获取了大量画面素材，如图 6-6 所示，也通过与当地居民的交流，了解了这些地方的风土人情，使插画的主题与故事更加真实可信，符合背景。

图 6-6

## 三、草图构思

在确定插画主题后，作者运用纸笔进行草图勾勒。在数字绘画前仍用传统方式绘画，是作者掌握作品整体性的重点过程，如图 6-7 所示。

### 小贴示

涂鸦绘画过程中，要注意插画中的动态效果。在处理人物时，我们应该在保证构图平衡的同时，为人物添加丰富灵动的动作。

图 6-7

如本作中，我们将小男孩与小鱼灯经由两条不同的动态线进行串联，如图 6-8 所示。

草图绘制完毕后，通过数字拍摄将草图导入计算机，进行数字化绘制。创作过程分为数字草稿、线稿、色彩初稿、细节刻画与整体处理。

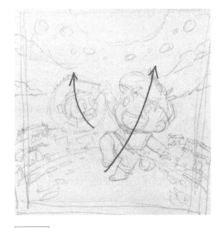

图 6-8

## 四、数字草稿与勾线

**步骤一：** 打开 Photoshop，执行新建文件命令，预设尺寸大小为 3000 像素 ×3000 像素，分辨率为 300 像素 / 英寸，单击"确定"，如图 6-9 所示。

**步骤二：** 导入之前手绘的草图，将草图调整至画面合适大小。为方便后期勾线，需要在 Photoshop 中进一步细化草图，添加人物表情、动态，以及背景细节，如图 6-10 和图 6-11 所示。

图 6-9

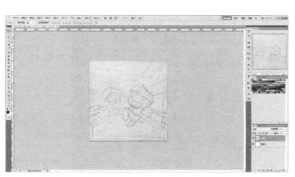

图 6-10　图 6-11

**步骤三:** 新建线稿图层,开始勾线,不同的图层对应不同人物、背景的前中后,方便后期修改,如图 6-12 所示。

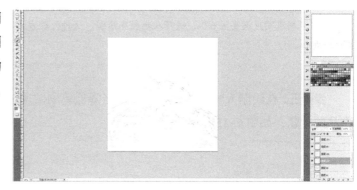

图 6-12

## 五、色彩初稿

**步骤一:** 为画面确定好主题色调,为了对应画面夜晚的主题,使用大色块蓝色进行铺色。同时,添加与蓝色对应的黄色作为顶部的色调,增加画面的活泼性,如图 6-13 所示。

**步骤二:** 在结束背景颜色绘制后,与背景颜色同

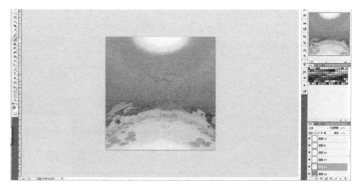

图 6-13

理,选定好主色调后进行大面积铺色。注意新建多层上色图层,以方便修改不同人物之间的颜色,如图 6-14 所示。

图 6-14

## 小贴示

　　将笔刷透明度调整至 60%，进行人物颜色绘制。这种处理方式可以使颜色柔和，并且提高取色的方便性。

　　**步骤三：**在绘制人物颜色过程中，适当降低笔刷硬度，使人物上的色块柔和，符合作品的主题，如图 6-15 所示。

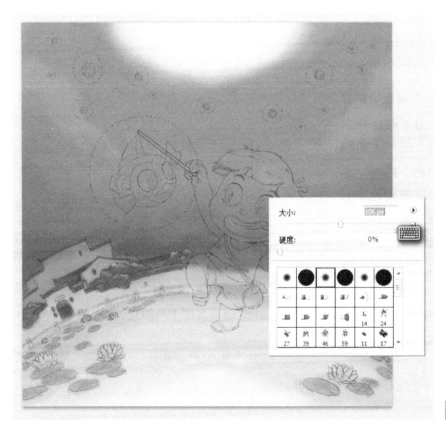

图 6-15

**步骤四:** 在绘制画面中的点缀物件(如该作品中的"荷花""萤火虫"等)时,我们可以吸取画面中的固有色,并选择其邻近色来搭配。这样既可以丰富画面色彩,又可以使整体视觉统一,如图 6-16 所示。

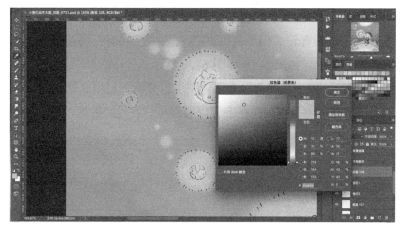

图 6-16

## 六、细节刻画

**步骤一:** 铺好整体颜色后,在原有色层上新建细节图层。将笔刷透明度保留在 60%,通过吸取人物、背景固有色作为细节刻画的原色,进行各色域之间的过渡,如图 6-17 和图 6-18 所示。

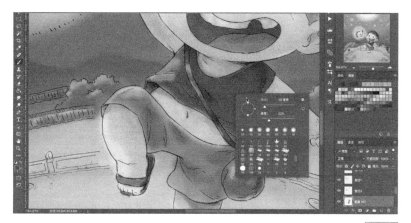

图 6-17

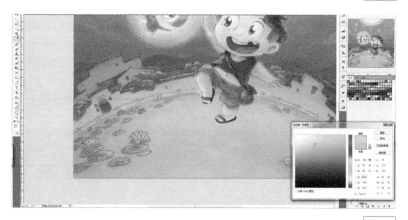

图 6-18

**步骤二:** 调整线条颜色,根据人物、景物各部位的固有色,进行同色系深色调的颜色选取,达到有轮廓但不突兀的视觉效果。同时,弱化背景线条颜色,使前景的人物突出于画面中,如图 6-19 和图 6-20 所示。

**步骤三:** 在小鱼灯色层上新建图层,并将图层模式修改为"颜色减淡"。在此图层上所画的颜色都将呈现高亮状态,以展现鱼灯发光的视觉效果,如图 6-21 和图 6-22 所示。

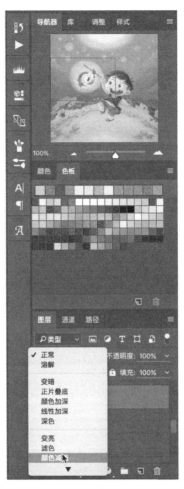

图 6-19　图 6-21

图 6-20

图 6-22

## 七、最后调整

打开顶栏中的"图像"按钮,选择"调整"。调整背景颜色图层的亮度与对比度,使其进一步与前景图层区分。同时,可以选择"色彩平衡",调整各图层之间的色彩平衡,达到整体的色彩统一,如图 6-23 和图 6-24 所示。

最终成稿如图 6-25 所示。

## 八、绘制小结

绘制过程中,作者需要时刻保持各部分之间的色调统一。为了避免后期大幅度修改,作者可以在绘制初期进行小图色彩平铺,测试作品的色彩范围;也可以在确定好主色调后,以此为基础,进行邻近色、同类色的选取。

图 6-23

图 6-24

图 6-25

# 第3节
## 大师作品推送

阿塞德拉（Kei Acedera），加拿大插画师，是一位女性儿童插画家，现就职于 Imaginism Studios（意象派工作室），并且担任 Imaginism Studios 的艺术总监，她在概念艺术、电影电视的角色设计上也颇有成就。她的作品如图 6-26 和图 6-27 所示。

图 6-26　图 6-27

# 第4节
## 作业练习

1. 参考本章的案例与绘制步骤，进行临摹练习。
2. 根据本章的插画创作构思，进行插画创作练习。

# 第 7 章

# 拼贴风格的插画

拼贴（如图 7-1 所示）是一种使用综合材料绘制的插画形式，例如将报纸、杂志、布等物件作为绘画材料，再结合手绘形式，创造出视觉肌理强烈而有趣的作品；或者选择干花干草、塑料、蛋壳等具有空间和肌理质感的物体，结合绘画形式，创作具有多元质感并富有立体层次的作品。

据说这种创作方法起源于毕加索等艺术家，巴黎街头贴满层层海报的墙面为毕加索和布拉克等艺术家提供了灵感。毕加索将有真实质感的物件贴在画布上，打破了二维平面的绘画，制造出空间虚实的视觉效果。这种作画方式后来又不断被其他创作者尝试与发展，出现了更多"新"的

图 7-1

绘画创作材料、技巧和理念。现如今，插画师们更是将拼贴这一形式结合数字化的方式进行广泛运用并发扬，通过计算机技术的特殊处理，赋予它更多的视觉丰富性与美感。

◆本章学习目标

1. 熟悉数字拼贴插画的创作方法和步骤。

2. 熟练运用 Photoshop 等绘画软件进行拼贴风格的插画创作。

# 第1节
# 拼贴风格与经典作品荟萃

## 一、拼贴风格的定义

数字拼贴绘画指沿用拼贴绘画的创作方式，将所需素材通过拍摄等手段导入计算机后转为数字图像，再利用数字软件进行下一步创作，最终完成多样化的拼贴视觉效果。这种创作方式在数字插画领域中广受欢迎，彰显了不同创作者的迥异个性，诞生了一系列优秀作品。

## 二、拼贴风格经典作品荟萃

拼贴风格的经典作品如图 7-2 ~图 7-4 所示。

作者：Peggy Wolf（德国）

图 7-2

作者：
Heather Landis
（美国）

图 7-3

作者：
Marcelo Monreal
（巴西）

图 7-4

# 第 2 节
## 创作流程和解析

拼贴风格插画
教学视频

本节以作品《剪》为例进行解析，成图如图 7-5 所示。

作品《剪》

图 7-5

### 作者介绍

　　钱程久钰，微博：@JATE-，目前是插画漫画师、纹身师、Graffiti（涂鸦）写手，漫画作品有《良药》《兰陵老人》，动画作品有《Killer》，擅长有张力的表现风格，喜欢各种新鲜玩意儿，喜欢各种有趣的人和事，讨厌一切模仿行为（包括临摹），最喜欢的导演是大卫·芬奇。

### 作者介绍

　　石大卫，目前是浙江工业大学研究生，擅长资料整理、编排，漫画作品有插画集《莽汉日记》，动画作品有《相亲记》《something abou Lisa》等，喜欢创作、编写、剪辑，喜欢的动画导演是今敏。

### 本案例所使用的绘画工具

铅笔　　　　　Photoshop　　　　　计算机（MacBook / PC）　　　　　Wacom 数位板

## 一、文案解读与创意构思

　　插画作品《剪》以报纸为主背景，想要体现参与信息传播的受众越来越年轻化是一个不好的趋势。图中有一些代表自然的花鸟因素，弹弓与秋千在画面主体位置都表达了孩童本身应该享有的童真童趣，然而画面所想表达的主题在于依然在玩手机的孩子以及要剪断这一乐趣的手。这个手在这幅插画作品中代表着信息化大众传媒，虽然在信息化时代，科技迅速发展是好事，但如果使孩童都热衷于此而缺少了与真实世界的交互认知，那么对于人与自然的相处是不利的，也背离了科技发展的初衷。小孩头上橙色窗口中有颗心，这一标志性的点赞 LOGO 在图中是大众传媒的标志符号，也带了一些黑色幽默的成分，想传达一种通信发达而内心孤独的感受。

## 二、图片的收集与参考

　　对于普通插画爱好者，手绘拼贴插画的素材通常来自现实生活且容易得到，来自自然生活的素材虽然更有张力，但并不那么容易在质与量上都合适，而且制作成本较高，容错率较低。不过，计算机制作可以规避这些问题，实现想要的效果。

　　本作品《剪》的创作元素及参考图片有来自网络的，也有自己拍摄的素材，如图7-6 ~ 图 7-11 所示。

图 7-6　　图 7-7

图 7-8 | 图 7-9

图 7-10 | 图 7-11

## 三、草图构思与绘制

  在确定插画主题后,作者运用纸、笔进行草图
勾勒,如图 7-12 所示。在数字绘画前仍用传统方
式绘画,便于掌握大致构图,然后在数字端对大致
构图进行勾勒,再将素材填充。

  **注意:** 在绘制拼贴插画过程中,构图是非常
重要的一个阶段,拼贴插画是波普艺术的呈现方
式之一,因为有素材填充,草图不需要过于精细,
无须将素材的形状完美复刻,但每一个素材在画
面空间中的位置以及最终作品的总构图是需要插
画师认真构思与定位的,这点在拼贴插画的绘制
中尤为重要。

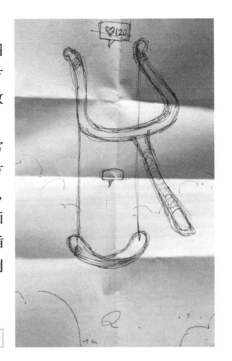

图 7-12

## 四、线稿绘制

打开 Photoshop，执行新建文件命令，预设尺寸大小为 A4，分辨率为 300dpi，单击"创建"，如图 7-13 所示。

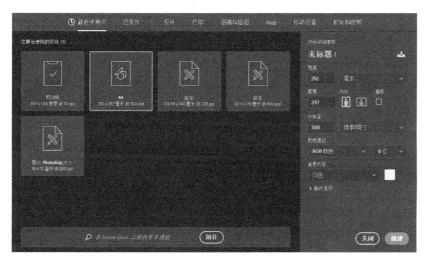

图 7-13

导入之前手绘的草图，将草图调整至画面合适大小。为方便后期勾线，需要在 Photoshop 中进一步精确草图。

导入图片之后按住 Ctrl+T 组合键，图片四周就会出现如图 7-14 所示的锚点，拖曳以调整图片大小。这里为了保证图片不变形，拖曳的时候需同时按住 Shift 键。调整后按回车键确认，然后降低透明度，新建一个图层，开始绘制草图，如图 7-15 所示。

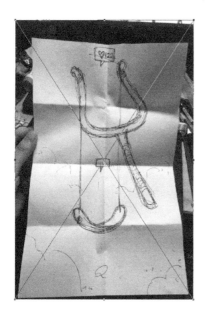 

图 7-14　图 7-15

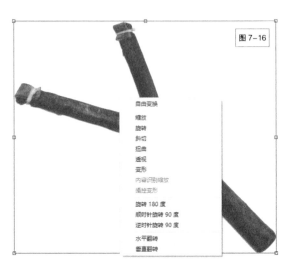

图 7-16

## 五、素材处理与整理

　　按住 Ctrl+T 组合键，单击鼠标右键，会看到不同类型的调整模式，这里运用的是透视和扭曲，如图 7-16 所示。

　　首先需要处理主体，尽量让图片素材与构图中的位置相近，形态相同，因此，需要熟练运用 Photoshop 中翻转、变形等图片处理方式，如图 7-17 和图 7-18 所示。

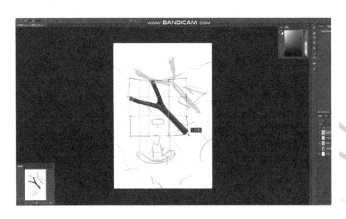

图 7-17 图 7-18

　　一些素材与构图想法不完全相符时，可以在其基础上进行修改再创作，也就是进行板绘调整，如图 7-19 ~ 图 7-22 所示。使用套索工具（快捷键 L）或者钢笔工具（快捷键 P）将需要调整的部分选择出来，然后按 Ctrl+X 组合键剪切，再按 Ctrl+V 组合键粘贴（剪切粘贴后，剪切的部分会自动到新的图层），之后按 Ctrl+T 组合键调整到合适的位置即可。部分物体会被遮挡，需要在 Photoshop 中选好物体图层，在右下角的位置调整透明度，并适当使用画笔工具进行修改。

图 7-20 图 7-19

图 7-21　图 7-22

---

### 小贴示

　　在处理画面中间的区域时，一定要反复进行修改调整，以达到最佳的画面效果。在进行再处理的时候记得分层，这会提高容错率，节省时间，提高效率。

---

　　在所有素材都大体调整就位之后，审视画面，一些地方由于素材不够完整，需要自己板绘补齐，在这个过程中要注意光影和纹理，例如弹弓以及小孩外形的进一步处理。由于很多素材没有办法完全符合我们的需要，如这里红色披风和皮筋的部分就是手绘出来的，因此手绘的时候要考虑画面里的光源（决定了物体的阴影位置），还有图层的遮挡顺序。该例中的皮筋是使用画笔绘制的，首先使用画笔确定一个端点，然后按住 Shift 键，再单击另一个端点的位置，就可以轻松绘制一条直线。然后在这条直线的图层上新建一个空白层，命名为"皮筋阴影"，在该层上单击右键，选择"创建剪贴蒙版"命令，如图 7-23 所示。

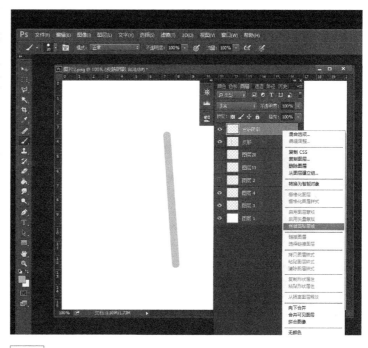
图 7-23

　　此时"皮筋阴影"层上出现一个向下的小箭头，这时，在该层上画皮筋的阴影颜色就不会涂到皮筋以外的部分了。红色披风的绘制方法类似，如图 7-24 ~ 图 7-28 所示。

图 7-24

图 7-25

图 7-26

图 7-27

图 7-28

　　将所有素材摆放到位之后，进行位置上的微调和色彩上的处理，如图 7-29 所示。为了进一步凸显主体，以及表达作者的立意，作者将背景变灰，饱和度降低，在色彩层次上进一步分层处理，拉开主次。

　　这时候我们会发现有一部分没有选中，这是因为魔棒工具的选取是根据近似颜色来划分的，右下角的颜色相对于左上角来说较暗，所以系统默认不选取，我们只需要勾选"加选"按钮，然后继续选择其他区域即可，如图 7-30 所示。

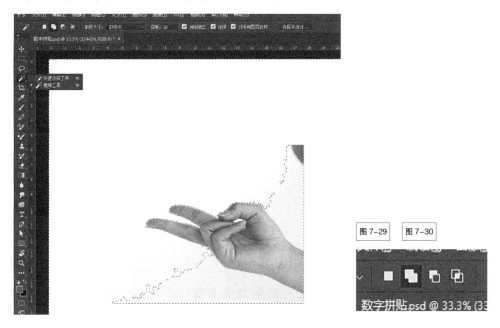

图 7-29　图 7-30

　　全部选择完成之后，按 Delete 键删除选择区域，即可留下剩余的部分，如图 7-31 和图 7-32 所示。

图 7-31

图 7-32

## 六、细节处理

大体关系处理好之后，增加一些细节来丰富画面，传递更多信息，让整个插画变得更加生动有看点。

根据需要绘制一些其他东西，例如，绘制泪滴，使用钢笔工具，先绘制一半，然后复制图层，按住 Ctrl+T 组合键，单击右键，选择"水平翻转"，再调整到合适的位置，合并图层，如图 7-33 和图 7-34 所示。最后调整色彩细节，如图 7-35~图 7-37 所示。

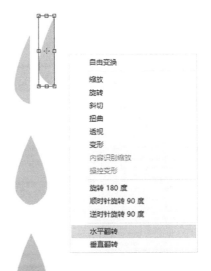

图 7-33

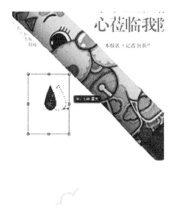 

图 7-34　图 7-35

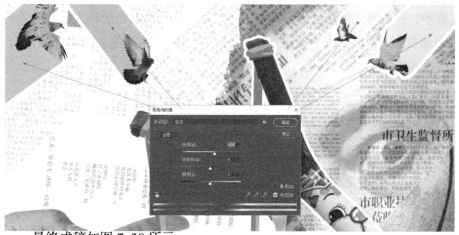

图 7-36

图 7-37

最终成稿如图 7-38 所示。

图 7-38

## 七、绘制小结

绘制过程中，首先确立画面主体，时刻注意素材与画面构图之间的关系，在刻画画面主体的时候要耐心，确保每一处细节的和谐完整。在画面处理上注意主次关系、色彩搭配、构成语言等方面。

# 第3节
## 优秀作者作品推送

尼基·罗伊克（Niky Roehreke），日本插画师，是一个负责杂志插画的自由工作者，毕业于中央圣马丁艺术与设计学院，现居纽约和日本。她的作品一贯采用实拍照片和杂志图片等纸媒介，结合水彩手绘创造出色彩斑斓的拼贴风格，她最喜欢使用"手"

作为插画元素，为我们呈现一幅幅集时尚、创意为一体的完美插画大作。她的作品如图 7-39 和图 7-40 所示。

图 7-39

MARK FAST

图 7-40

# 第 4 节
## 作业练习

1. 参考本章的案例与绘制步骤，进行临摹练习；
2. 根据本章的插画创作构思，进行插画创作练习。

# 第 8 章

## 水彩风格的插画

　　水彩（如图 8-1 所示）是一种常见的绘画技法，以水和颜料的调和效果表现画面。水彩的特点是很轻薄并且富有变化，与水以不同比例结合，可以营造出轻薄通透感；与湿画、干刷、撒盐、涂蜡等方式结合，可以营造出丰富的笔触与肌理效果，因而受到众多绘画者的喜欢。随着绘画软件的普及，水彩风格数字绘画也变得十分流行。本章介绍的是数字水彩插画的绘制手法和一般的创作流程。

图 8-1

◆ 本章学习目标

　　1. 熟悉数字水彩插画的创作方法和步骤。

　　2. 熟练运用 Photoshop/SAI 等绘画软件进行水彩风格数字插画的创作。

# 第1节
# 水彩风格与经典作品荟萃

## 一、水彩风格的定义

数字水彩绘画由传统手绘水彩而来。传统水彩是以水为媒介调和颜料作画的表现方式，颜料的透明性和水的流动性这两个主要特点构成水彩画的特性。水融色的干湿浓淡变化以及在纸上的渗透效果使水彩具有很强的表现力，并形成奇妙的晕染效果，产生透明酣畅、淋漓清新、幻想与造化的视觉效果以及与自然保持和谐的灵动之美，构成其个性特征，产生独特的不可替代的特殊性。

## 二、水彩风格经典作品荟萃

水彩风格的经典作品如图 8-2 ~ 图 8-4 所示。

作者：Craig Mullins
（美国）

图 8-2

作者：John Salminen
（美国）

图 8-3

作者：宫部纱织
（日本）

图 8-4

# 第 2 节
## 创作流程和解析

水彩风格插画
教学视频

以作品《夏日》为例进行解析，成图如图 8-5 所示。

图 8-5

**作者介绍**

　　林芊芊，微博：@现在叫脱普，喜欢看漫画和明星综艺，最喜欢的漫画家是荒川弘、井上雄彦、志村贵子、空知英秋、山森三香；毕业于浙江工业大学，目前从事漫画创作，短篇作品有《成熟的熊先生》《下次一定说！！》，擅长日式水彩风格以及日式赛璐璐。

**本案例所使用的绘画工具**

Photoshop CS6　　　　　　Easy Paint Tool SAI Ver.2

计算机（台式组装机）　　　Wacom 数位板（型号：CTL-671）

## 一、创意构思

插画作品以"夏日"为例，主题是"夏日"，用水彩的特点展现色彩清新、有生气、充满夏日气息的画面。

日本的夏日祭是每年夏天最热闹的文化活动，政府及民间集团会举行很多表演，人们装上漂亮的衣服，逛庙街，买东西，参加娱乐活动。夏日祭里精心梳妆打扮的姑娘们自然是那天大家目光追逐的亮点之一，因此该插画的主角就选定了夏日祭的姑娘。此外，考虑到水彩最适于表现的是晶莹的水润感觉，而水又是夏日人们最喜欢的元素之一，因而，以穿浴衣的姑娘在玩肥皂泡为主题的大致想法就在脑海里成型了。

## 二、素材的收集与参考

由于要绘制穿浴衣的姑娘，因此需要查找浴衣的款式及其正确的穿法。夏日祭的场景如图 8-6 ～图 8-8 所示，浴衣的款式如图 8-9 和图 8-10 所示。

图 8-6

图 8-7　　图 8-8

图 8-9

图 8-10

## 三、草图构思与绘制

打开 SAI 绘画软件，执行新建文件命令，设置文件名为"SUMMER"，预设尺寸大小为 A4，分辨率为 300ppi，单击"OK"，如图 8-11 和图 8-12 所示。根据自己的想法用铅笔工具画出一版构图，可以进行多次尝试，如图 8-13 和图 8-14 所示。

图 8-11

图 8-12

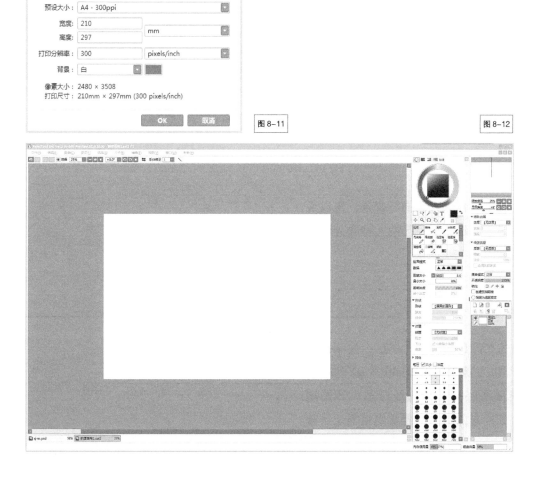

图 8-13

图 8-14

铅笔的设置如图 8-15 所示。

最终选定想要的构图，在此基础上细化草稿，如图 8-16 所示。

图 8-16

图 8-15

## 四、线稿绘制

线稿内容分为人物与背景，先以人物为主，新建图层，开始人物部分的勾线，如图 8-17 所示。

## 五、平铺大色调

每个颜色对应一个图层，使用油漆桶工具（油漆桶的设置如图 8-18 所示），将线稿图层指定为选区样本，开始填色。如果有漏洞的话需要用铅笔工具补一下。

图 8-17

因为想要画出水彩的感觉，所以一开始选的都是比较淡的颜色，根据水彩的原理，上色时一层一层加厚加深。最后填完色的效果如图 8-19 所示。

图 8-18　图 8-19

## 六、上色及细化

填完色就进入上色步骤，把线稿图层设置为正片叠底，线稿图层的不透明度为 100%，如图 8-20 所示，本例将线稿图层填充为深紫色。再考虑光的位置，在画面上方偏右的位置，新建图层，将图层混合模式也改成"正片叠底"，特殊效果选择"水彩边界"，宽度为 1，如图 8-21 所示。使用铅笔工具，建议从皮肤开始。根据光的方向，思考阴影所在的位置，一边画阴影一边使用喷枪工具进行混色，混色后出现深浅渐变，建议用吸管工具吸周围色进行绘画。调试水彩的质感，图层设置如图 8-22 所示。

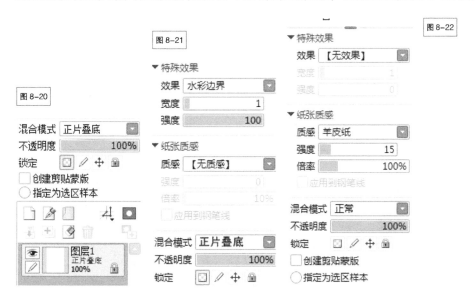

阴影不要上得过于生硬，在尖锐的地方可以使用模糊笔刷使阴影柔和，如图 8-23 所示。

上完阴影后使用发光图层，在头发和眼睛的部分加高光，如图 8-24 和图 8-25 所示。

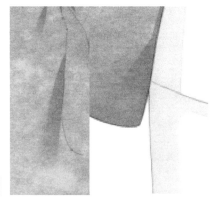

图 8-24　　图 8-25　　　　　　　　　图 8-23

给浴衣加花纹。新建图层，先画一个单独的花纹，左边的浴衣上画较大的花，右边画条纹搭配小簇的花朵，如图 8-26 所示。

再进行复制粘贴，调整花的位置，保持一定的间隙，人物就大体完成了，如图 8-27 所示。

图 8-26　　图 8-27

接下来，画小背景，先画出小金鱼和泡泡的线稿，如图 8-28 所示。

再上色，注意多使用喷枪工具进行晕染，金鱼和泡泡主要使用白色晕染，如图 8-29 所示。

图 8-28    图 8-29

再画其他形态的金鱼，如图 8-30 所示。

画完后将泡泡和小金鱼复制粘贴，根据远近调整明度，放在画面上，如图 8-31 所示。

图 8-30    图 8-31

在图上方位置加上紫藤。先选绿色，画藤。再新
建图层，选紫色，画花瓣。最后将图层合并，将图层
效果改成水彩边缘，增加水彩感，如图 8-32 所示。

图 8-32

复制多个紫藤，将人物图层隐藏，摆放紫藤的位置（还可以使用 Photoshop 软件里的变形工具将紫藤弯曲，有种被风吹动的感觉），如图 8-33 所示。

再复制一些紫藤，降低透明度，制造层次感。在底部新建一个紫色渐变的图层，制造空气感，如图 8-34 所示。

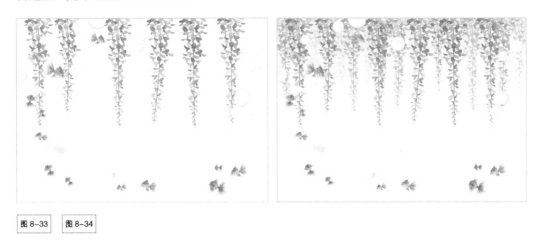

图 8-33　　图 8-34

为了使人物线稿更加融入画面，复制线稿图层，将其高斯模糊，画面就大致完成了，如图 8-35 所示。

图 8-35

然后，打开 Photoshop 软件，新建曲线图层，对人物上色的文件夹作蒙版，如图 8-36 所示。

向下拖动曲线，调整画面的颜色，如图 8-37 所示。

图 8-36　　图 8-37

效果如图 8-38 所示。

图 8-38

## 七、画面调整

整个画面的下方还是有些空旷，再次打开 SAI 软件，增加一些绿色植物。

新建图层，图层设置和之前的一样，先用喷枪铺底色，喷枪的形状改为扩散和噪点，如图 8-39 所示。效果如图 8-40 所示。

画第一层草，效果如图 8-41 所示。

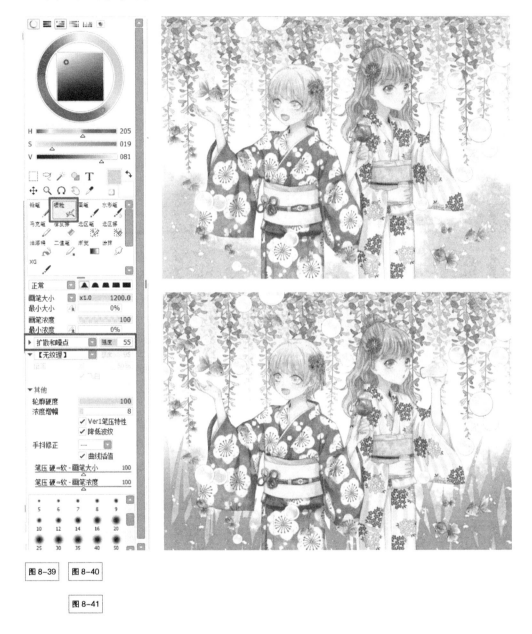

图 8-39    图 8-40

图 8-41

再画第二层草，效果如图 8-42 所示。

最后调整画面，保持整体画面的和谐，新建一个发光图层，吸周围的颜色进行融合。
最终完成，效果如图 8-43 所示。

图 8-42

图 8-43

## 八、绘制小结

　　水彩绘制方法的特征是色彩融合，色调轻薄，具有透明感，上色的技法不复杂。数字水彩与传统水彩的特性一样，切记颜色不要脏乱，选色上可以选择明度较高的颜色；同时，阴影的描绘也很重要，阴影可以增加画面的层次，起到丰富画面的作用。作画的时候需要一边思考一边调整画面，可以参考名家的作品，采用其中的可取之处。

# 第3节
# 大师作品推送

Joseph Zbukvic 是澳大利亚的一位水彩大师，他的作品如图 8-44 所示。

作者：Joseph Zbukvic

图 8-44

# 第 4 节
## 作业练习

1. 参考本章的案例与绘制步骤，进行临摹练习。
2. 根据本章的插画创作构思，进行插画创作练习。

# 第9章

## 厚涂风格的插画

　　厚涂（如图9-1所示）是一种常见的数字插画绘制方式，利用素描关系和笔触来塑造物体的颜色关系和体积。本章讲述厚涂常用的绘制方法和一般的创作流程，以实例分步骤对其进行详细解说，使读者能够熟练运用厚涂的方式画出设计的角色。

◆本章学习目标

　　1. 熟悉数字厚涂插画的创作方法和步骤。

　　2. 熟练运用 Photoshop 进行厚涂数字风格插画创作。

图9-1

# 第1节
# 厚涂风格与经典作品荟萃

## 一、厚涂风格的定义

　　厚涂，也就是绘制覆盖性色层，用不透明的颜色层层覆盖，笔触相互叠加，从而使画面产生肌理感。厚涂是有计划地厚堆笔触，目的是突出重点、塑造质感。厚涂一般分为两种，一是有线厚涂，即绘画前用线勾勒形象，再在线稿上进行填充上色，之后根据自身喜好或需求选择将线掩盖或保留；二是体积厚涂，即直接用明暗体积定稿，利用各部位体积明暗关系进行进一步的细化。体积厚涂适合有一定基础和经验的绘画者，初学厚涂建议从有线厚涂开始。

## 二、厚涂风格经典作品荟萃

　　厚涂风格的经典作品如图 9-2 ～图 9-8 所示。

图9-2　金亨泰《剑灵》

村田莲尔《两人》

图 9-3

村田莲尔《忧郁的少女 》

图 9-4

olivia《人偶》

图 9-5

olivia《冰淇淋》

图 9-6

olivia《马戏团》

图 9-7

olivia《双生子》

图 9-8

# 第2节
## 创作流程和解析

厚涂风格插画
教学视频

以作品《Devil》为例进行解析，成图如图 9-9 所示。

作者介绍

　　陈梦瑶，现在杭州一家网络游戏公司担任游戏原画设计师，兼职游戏主播；毕业于浙江工业大学影视动画专业，擅长日系装饰风格，作品曾刊登于漫画杂志《漫友》，微博：林东爪。

图9-9

**本案例所使用的绘画工具**

Photoshop CS6

台式计算机　内存　16GB

显卡　NVIDIA Geforce GTX 750 Ti

处理器　Intel（R）Xeon（R）CPU E3-1231 v3 @3.4GHz

Wacom 数位板　（Intuos Pro）

## 一、文案解读与创意构思

在该创作中，第一时间浮现出一个黑暗系萝莉的形象。作品会以哥特风的形式呈现。哥特式（Goth）最早是文艺复兴时期用于与中世纪时期（公元 5~15 世纪）区分的艺术风格，常描绘在爱与绝望之间的挣扎，主要代表元素有蝙蝠、玫瑰、孤堡、乌鸦、十字架、鲜血、黑猫等。

　　该作品打算创作一位内心向往光明的恶魔，她双手交叉于胸前，眼神坚定，目视前方。这幅作品想要表达黑暗并不可怕，再黑的夜晚也会有美丽的花朵盛开，所以要努力前进，不必恐惧。恶魔的英文为 devil，这正是该作品名称的由来。

## 二、素材的收集与参考

　　在网上寻找一些哥特风格的图片，如图 9-10 ～图 9-13 所示，黑色系居多，并且可以观察到该风格的大部分女性角色都穿着层次繁复的长裙。玫瑰花也是整个画面比较重要的元素，所以决定在人物的发型与服饰上都运用玫瑰花这个元素，以产生相呼应的和谐感。

　　在色彩的设计上，以黑色为基调，玫瑰花的红色为辅，黑红金正是经典的颜色搭配。人物的头发设计为金色，背景设计为蓝绿色，红色的点缀与蓝绿色的背景形成对比，丰富了颜色上的层次，也拉开了前后的距离。

　　在人物背景的考虑上，原本打算使用幕帘，但后期发现由于幕帘的存在，整个画面显得很堵，通透感不足，所以在后期上色时直接将幕帘这一元素舍弃，换成单一的暗色背景，简洁明了地烘托氛围。

图 9-10

图 9-11

图 9-12

图 9-13

# 三、草图构思

打开 Photoshop CS6（可以用更高级的版本），设置文件名称为 devil，大小选择
A4，分辨率设置为 300 像素 / 英寸，如图 9-14 所示。

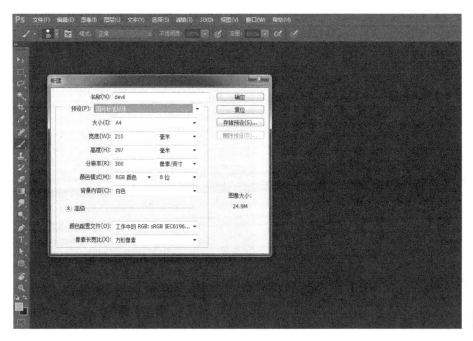

图 9-14

笔刷采用默认笔刷中的"硬边圆压力大小"，如图 9-15 所示。画笔预设勾选"形状动态"；"平滑"是否勾选均可，如图 9-16 所示。

图 9-15　图 9-16

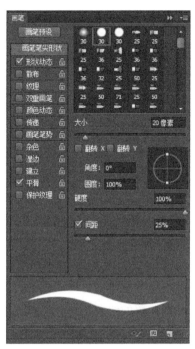

首先画草图，画草图的过程不用很精细，主要是快速确定自己的想法和构思。该例中决定以一个对称的构图来完成这次创作。在构思设计中，不断细化草稿，修改调整不合适的地方，比如对人物服饰的修改就是在草图阶段中敲定的。草图阶段可以多另存为几次，保留之前的想法，以免更改之后发现还是更中意先前的构思，如图 9-17 ~ 图 9-20 所示。

图 9-17　图 9-18

图 9-19　　图 9-20

## 四、线稿绘制

一遍遍细化清理线稿，线线交汇的地方要重点加黑。

对于外围线稿的绘制，可用魔棒工具选中线稿的空白区域，按住 Ctrl+Shift+I 组合键反选，然后打开上方工具栏（见图 9-21），下拉"编辑"选项菜单，选择"描边"，选择合适的宽度即可（见图 9-22），最终效果如图 9-23 所示。

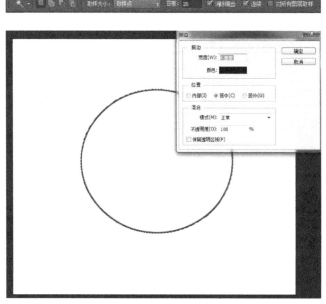

图 9-21

图 9-22

图 9-23

下面进行场景绘制。添加新图层，在画面中绘制帷幕，如图 9-24 所示。

图 9-24

## 五、填充颜色

用魔棒工具选中每一片区域，用油漆桶工具进行分图层填充，注意颜色的搭配，完成后如图 9-25 所示。

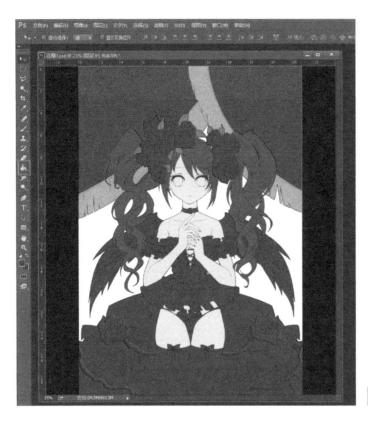

图 9-25

　　色块区域涂完后，对其添加阴影。上阴影是一个细致的工作，需对人物的衣服、头发、玫瑰装饰、肌肤一一添加阴影，如图 9-26 ~ 图 9-29 所示。

图 9-26　图 9-27

图 9-28　图 9-29

之后，新增图层，为背景添加一个渐变颜色。选择工具栏中的"渐变油漆桶"工具。在渐变编辑器中，色条的两端各选择深蓝和普蓝色，如图 9-30 所示，在新添加的图层上进行上下拖曳，就添加了一个由蓝渐变为黑的渐变色，效果如图 9-31 所示。

图 9-30

图 9-31

在渐变背景层上，继续增加新图层。在新图层上绘制黑色长条和菱形的图案，将其作为装饰，如图9-32和图9-33所示。

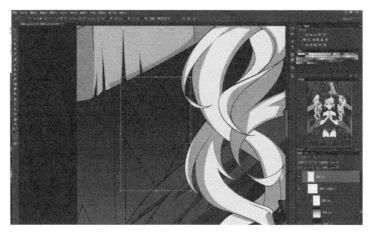

图9-32    图9-33

最后，为人物的眼睛上色，并且添加阴影，最终效果如图9-34所示。

这里要注意，图中人物造型比较复杂，衣服、头发、花饰的阴影很容易涂抹到轮廓外部去。而通过建立父子层级图层的方法，可以控制所选区域，使阴影层在区域内被涂抹。以该例中人物的头发阴影上色过程为例，详细介绍如下。

（1）在头发颜色层上新建新图层"头发阴影层"，如图9-35所示。

（2）选中"头发阴影层"，单击右键，在弹出的快捷菜单中选择"创建剪贴蒙版"，如图9-36和图9-37所示，"头发阴影层"旁边出现一个小箭头，即表示该层与"头发颜色层"形成父子层级关系。

（3）然后，使用笔刷在"头发阴影层"涂抹颜色，其色彩就被局限在头发颜色的轮廓中，而不会涂到轮廓外部，如图9-38所示。

图9-34

图 9-35

图 9-36　　图 9-37

图 9-38

## 六、细节刻画

1. 将第五步中平铺的阴影层（名为"图层141"）复制一层，然后使用滤镜中的高斯模糊将复制层"图层141副本"进行模糊，使阴影边沿柔和一些，如图9-39和图9-40所示。

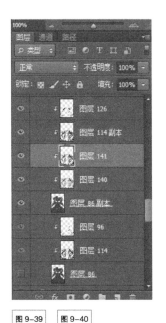 

图9-39　　图9-40

模糊后，肌肤和黑色衣服的阴影边缘出现了明显的柔和渐变，如图9-41所示。

图9-41

2. 进一步调整阴影，可以再次复制阴影层，继续增加柔和的效果，调整出满意的效果。最终效果如图 9-42 所示。

细化到一定阶段之后，后面红色的布帘与人物头顶的玫瑰花在层次上无法分开，因此决定换一种布帘的颜色，并在边缘处加环境光，如图 9-43 所示。

图 9-42　　图 9-43

但布帘颜色换掉后，还是觉得与前面人物分不开，所以决定去掉布帘，直接采用黑色，并将背后光换成蓝绿色，与玫瑰花的红色形成色相上的对比，丰富颜色上的层次，并在人物的刘海与裙子上打一些暖光。最后在图层最上层增加一些飘舞的玫瑰花瓣作为前景，丰富整个画面的景深层次，效果如图 9-44 所示。

在所有图层最上层新建一个图层，填充灰色，图层属性设置为"颜色"，

图 9-44

如图 9-45 所示。此时，画稿变成图 9-46 所示的这种没有色相只有黑白灰的模式，这时检查素描关系是否正确，是否还需要在哪里拉开对比。

图 9-45　　图 9-46

在最后的检查过程中发现厚涂感有些许不足，于是再细化一下占画面比重较大的裙子，增加高光，并将黑色的轮廓线用降低透明度的局部颜色重新覆盖。

## 七、画面调整

　　背景的上半部分从上向下添加红色的渐变，调整图层透明度，使黑色背景带有一些颜色倾向，显得更加清透，最终效果如图 9-47 所示。

图 9-47

## 八、绘制小结

厚涂上色允许出错，可以随时将不需要的元素或构思通过直接新建图层进行覆盖更改。厚涂的重点在于对素描关系以及亮部与暗部色彩关系的掌控上，仔细观察优秀的摄影作品与生活中的光线变化，相信你会对颜色和体积有更进一步的了解。

## 第 3 节
# 大师作品推送

日本插画师尚月地是著名的实力派插画师，为众多日本轻小说绘制了大量插图，备受欢迎。他的作品，画面精细，华丽繁复，很多被制成精美信笺，被喻为"信笺贵族"，如图 9-48 ~ 图 9-51 所示。

图 9-48

图 9-49

图 9-50

图9-51

# 第4节
## 作业练习

1. 参考本章的案例与绘制步骤，进行临摹练习。
2. 根据本章的插画创作构思，进行插画创作练习。

# 第 10 章

# 平涂风格的插画

平涂（如图 10-1 所示）是一种常见的数字插画绘制方式，利用线稿或者色块之间的明暗关系塑造形体。本章讲述平涂常见的绘制手法和一般的创作流程，以实例分步骤对其进行详细解说，使读者能够熟练运用平涂绘制方式画出自己心中的故事。

图 10-1

◆本章学习目标

1. 熟悉数字平涂插画的创作方法和步骤。

2. 熟练运用 Photoshop/SAI 等绘画软件进行平涂风格插画的创作。

## 第1节
# 平涂风格与经典作品荟萃

平涂绘画风格因其独特魅力广受大众欢迎，在数字插画创作领域也不乏优秀作品。

### 一、平涂风格的定义

平涂，简单来讲就是"轮廓勾线，色彩平涂"。其实，常见的平涂法有两种，一是勾线平涂，即绘画前先用线条勾勒形象，然后平涂色块，这是平涂绘画最常用的方法。勾线的工具可以多种多样、勾线的颜色也可以根据需要随之变化。二是无线平涂，即省去勾线的步骤，直接上色，利用色块之间的关系（明度关系、色相关系、纯度关系）绘画，有时也使用特殊的笔刷塑造一种整体的形象感和立体感。

### 二、平涂风格经典作品荟萃

平涂风格的经典作品如图 10-2 ~ 图 10-5 所示。

图 10-2

作者：Erin LUX

图 10-2（续）

图 10-3

作者：稗田やゑ

图 10-3（续）

作者：

Amy Blackwell

图 10-4

作者：武政凉

图 10-5

# 第2节
## 创作流程和解析

以《气球》为例进行解析，成图如图 10-6 所示。

图 10-6

**作者介绍**

丁苑，擅长画风：平涂和赛璐璐。

**想说的话：**

　　平涂画风比起厚涂来说，需要更精细的线稿，所以在线稿阶段特别需要耐心，我的耐心经常在线稿阶段就用完了，所以还是更喜欢上色阶段，因为可以很痛快地上色，然后，后期慢慢调整也没问题。我的画风受日系影响，喜欢非常鲜艳的用色，喜欢画各类萝莉和美青年，不过也在慢慢学习画其他年龄层次的人物；画背景一直是我的短板，希望以后好好练习，争取画出恢宏大气、结构严谨的背景。

**本案例所使用的绘画工具**

Photoshop CS6

Easy Paint Tool SAI（简称 SAI）

计算机（台式组装机）

Wacom 数位板（型号：CTL-671）

## 一、文案解读与创意构思

作者创作了在天空中飘浮的女孩形象，寄托了对自由的向往。该作品的主角一开始就穿红色的洛丽塔型裙装，混合甜美的童话风格，各种主要元素如褶皱、蕾丝、蝴蝶结都必不可少，另外考虑到接近现代萝莉外型，所以画的是短裙和平跟鞋。

## 二、素材的收集与参考

作品《气球》中气球以及穿着洛丽塔裙子的女孩是要重点表达的元素，因此参考资料，收集洛丽塔风格的裙子，借鉴其款式以及蕾丝装饰品；气球借鉴的就是生活中最常见的样式，主要观察气球弹性剔透的视觉质感。收集的素材如图 10-7 ~ 图 10-10 所示。

图 10-7　图 10-8

图 10-9　　图 10-10

## 三、草图构思

打开 SAI 绘画软件，执行新建文件命令，预设尺寸为 B5，分辨率为 300dpi，单击"确定"，如图 10-11 所示。

 **小贴示**

SAI 如何裁剪图像：执行"工具－图像－以选区的尺寸裁切"命令。

| 新建图像 | × |
|---|---|

文件名：　新建图像

预设尺寸：　B5 － 300dpi

宽度：　172　　mm

高度：　250

分辨率：　300　　dpi

尺寸信息

图像尺寸：　2031 x 2952（171.958mm x 249.936mm）
宽度上限：　2031 x 10000（171.958mm x 846.667mm）
高度上限：　10000 x 2952（846.667mm x 249.936mm）

确定　　取消

图 10-11

为了呈现完美的画面构图，在确定线稿之前，作者在画纸上描了两遍草稿，如图 10-12 和图 10-13 所示。

图 10-12    图 10-13

## 小贴示

　　Easy Paint Tool SAI 的许多功能较 Photoshop 更人性化。比如任意旋转、翻转画布，缩放时反锯齿以及强大的墨线功能，深受众多插画师及插画爱好者的喜爱。

　　整个创作过程主要使用了 SAI 绘画软件。大致的创作步骤为：构图与线稿、平铺大色调、细节刻画、背景刻画和最后调整。

## 四、线稿勾勒

　　在正式勾线清稿前，再进一步细化草稿，用铅笔笔刷，在背景处添加简单的云纹，如图 10-14 所示。铅笔笔刷参数如图 10-15 所示。

图 10-14　　图 10-15

为方便清稿勾勒，先把草稿图层透明度调低到 20%（见图 10-16），让草稿线变浅一些。然后在草稿层上新建一张空白线稿层，在该图层上进行线条的勾勒，效果如图10-17 所示。

图 10-16　　图 10-17

## 五、平铺大色调

1. 在 SAI 中用"油漆桶"填充背景色，再选择"背景 – 反选"，在人物上填充另外一种底色，效果如图 10-18 所示。

2. 新建两个图层组，一个命名为背景，一个命名为人物组。选中人物图层，勾选图层上方"剪贴图层蒙版"的属性，如此一来，在该层组上色就不会涂抹到人物底色轮廓外部，如图 10-19 和图 10-20 所示。

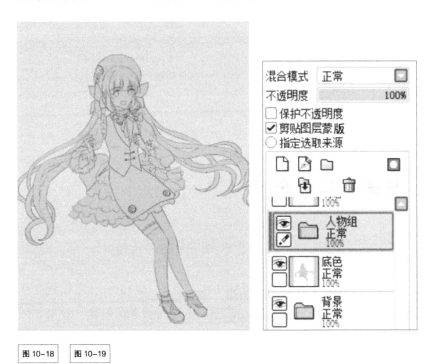

图 10-18　　图 10-19

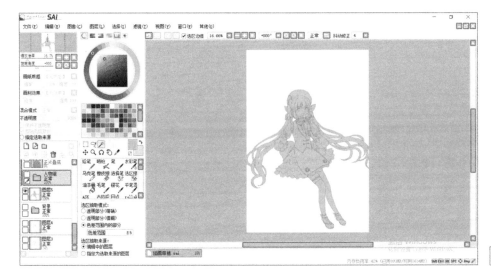

图 10-20

3. 在人物图层组中新建图层，命名为"头发"，使用魔棒工具选中上色区域，执行"选择"和"扩大选取 1 像素"命令，选择发色填充，如图 10-21 和图 10-22 所示。大致分出的其他几个区域如皮肤、衣服、鞋子等，也按类似方法填色，效果如图 10-23 所示。

4. 最后，把一些小零件的底色补充上去，可以在原图层上新建图层，选择"剪贴图层蒙版"，这样颜色只会涂到蒙版层不透明的地方，效果如图 10-24 所示。

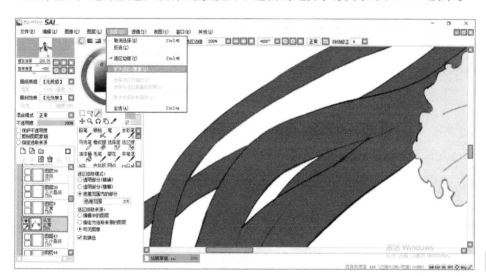

图 10-21

图 10-22

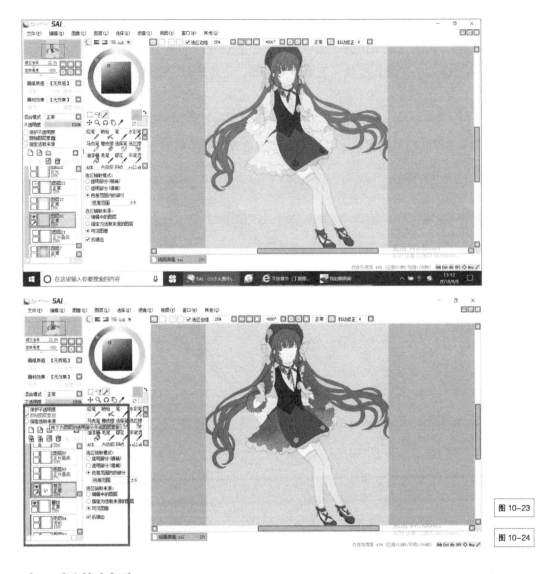

图 10-23

图 10-24

## 六、细节刻画

1. 首先，深入刻画主角面部的细节，在面部底色图层上新建图层，勾选"剪贴图层蒙版"选项，图层会缩进并显示红色条状标志，这样面部细节的刻画就被锁定在了面部的底色区域内，效果如图 10-25 所示。

2. 刻画细节的同时，也可以根据需要改变原来线稿的颜色。可选中线稿图层，勾选"保护不透明度"选项，试着填充改变线稿颜色。这里，舍弃了之前的黑色轮廓线，将面部线条改成了较浅的棕色，效果如图 10-26 所示。

图 10-25

图 10-26

复制线稿，用模糊笔刷涂抹几下，使线稿更柔和，如图 10-27 所示。模糊笔刷设置如图 10-28 所示。

图 10-27　　图 10-28

调整几个线稿层透明度，使线稿颜色不要过深，效果如图 10-29 所示。

图 10-29

上阴影色时可以选择"正片叠底"图层模式，先铺出大块浅色阴影，再加一些深色阴影，效果如图 10-30 和图 10-31 所示。

对于衣服、皮肤等其他部件，先用正片叠底铺阴影，再用滤色混合模式画出高光、反光、环境光等效果，在这里也可以试验一下其他混合模式，如图 10-32 所示。

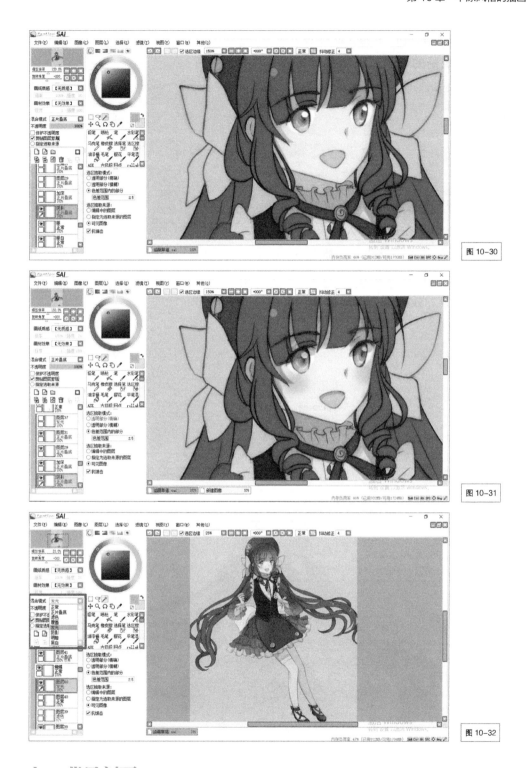

图 10-30

图 10-31

图 10-32

## 七、背景刻画

根据近实远虚的绘画原理，背景的刻画不需要像主体角色那样清晰明了，吸引注意。所以作者对其进行了弱化的处理，例如省略轮廓线稿的勾画，只用对比相对较弱的大色块来处理，效果如图 10-33 所示。

## 八、最后调整

因为逆光所以给人物添上一层覆盖所有地方的阴影，但是在边缘如人物衣服、头发等处，用喷枪加上一层浅光，补充一些小细节，如衣服花纹和牵引气球的线，让人物融入背景。效果如图 10-34 和图 10-35 所示。

图 10-33

图 10-34

图 10-35

　　增加一些光点，模糊画面边界，图片处理完成后效果如图10-36所示。这张名为《气球》的平涂插画作品便完成了，最终效果如图 10-37 所示。

图 10-36

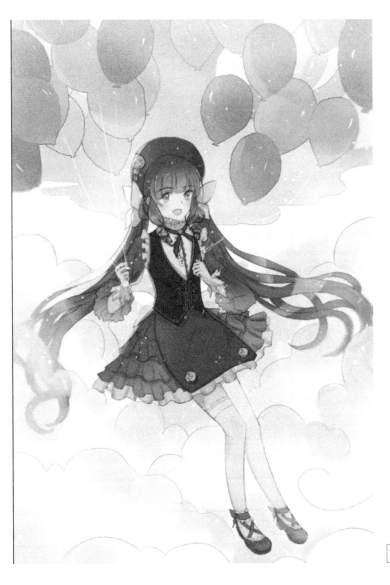

图 10-37

## 九、绘制小结

平涂风格也称为赛璐璐风格，这种绘图风格从草稿到清稿，以色块铺色后，加上阴影和效果，塑造立体感。因而平涂是一种线稿精细的作画方式。提升线稿精细度的方法有很多，除了常练习外，还可以加重线条粗细变化、增加头发细节、服装细节等，也可以从多添加小饰品入手。

此外，SAI 是一款适合任何风格的作图软件，软件上手快，笔刷丰富，对于对线稿要求高的平涂风格，选择 SAI 软件是更适合的。SAI 软件的描线具有抖动修正功能，不仅针对全部工具，还能针对某个单独笔刷进行抖动修正设置。笔刷的抖动修正数字调得越高，绘制的线条就越光滑并且越有弹性。但要注意的是，笔刷抖动修正数据过高后，绘画时线条会断线，因而建议将抖动修正数据控制在在 2~8，并结合实际要求，以个人手感以及手绘板灵敏度进行调整。

　　另外，SAI 软件的上色也非常容易，它的特征是色彩清晰，步骤不烦琐。绘制者所用的色彩往往直接决定作品的风格。平涂方式中，光影区域的形状非常重要，需要明确光照区域与阴影区域，凸显层次。涂色前需要先确定光源的位置，构思光照与阴影的形状，之后再进行勾勒绘制。

## 第 3 节
# 大师作品推送

　　Keegg，日本东京人气插画家，pixiv 网站上的常驻画师，生于 1989 年 5 月 26 日。画风精致细腻又诡异而华丽，他笔下的女孩可爱却又苍白如傀儡，作品充满着一种黑暗童谣感。他的作品如图 10–38 ～图 10–47 所示。

图 10–38

| 图 10-39 | 图 10-40 |
|---|---|
| 图 10-41 | 图 10-42 |

图 10-43

图 10-44

图 10-45　　图 10-46

图 10-47

# 第4节
## 作业练习

1. 参考本章的案例与绘制步骤，进行临摹练习。
2. 根据本章的插画创作构思，进行插画创作练习。

第 11 章

# 动 态 插 画

动态插画（如图 11-1 所示）是近几年兴起的一种插画的表现形式，属于动态视频类，它通过改变静态帧的图像来获得作者想要的动态效果。本节讲述动态插画的创作过程，即从静态插画的绘制到动态效果的实现过程。以实例分步骤对其进行详细解说，使读者能够熟练通过对绘图软件的运用，绘制出一幅能够表达自己的动态插画。

◆本章学习目标

1. 熟悉动态插画的创作方法和步骤。

2. 熟练运用绘画软件 Photoshop 进行动态插画的创作。

图 11-1

# 第1节
## 动态插画与经典作品荟萃

### 一、动态插画的定义

动态插画是将静态的插画图像，在绘图软件里经过一定的处理后，转换为具有动态效果的视频。动态插画的制作过程是简单地改变部分重要位置，来获得想要的效果，这与传统动画是有所区别的。动态插画不再同传统动画一样一帧一帧地进行绘制，即不再是一个再绘制的过程。

动态插画没有限定的风格，可以是平涂风、厚涂风、拼贴风、水彩风、涂鸦风，也可以是像素风。

### 二、动态插画经典作品荟萃

动态插画的经典作品如图 11-2 ~ 图 11-4 所示。

图 11-2

作者：丰井祐太
（日本）

图 11-2（续）

图 11-3

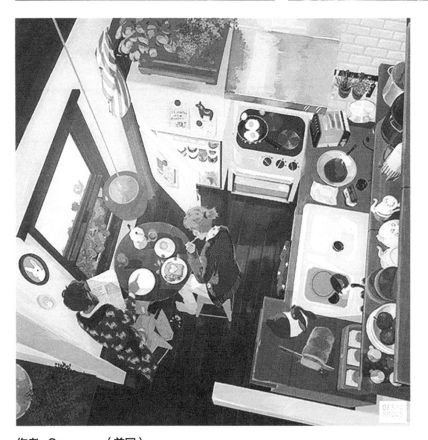

作者：Sparrows（美国）

图 11-3（续）

作者：Rebecca Mock（美国）

图 11-4

# 第 2 节
## 创作流程和解析

动态插画
教学视频

以作品《八月桂香》为例进行解析，成图如图 11-5 所示。

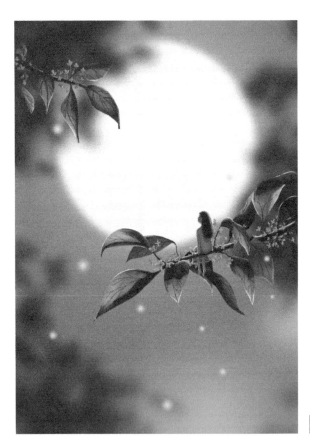

图 11-5

**本案例所使用的绘画工具**

Photoshop CC

笔记本电脑

Wacom 数位板（型号：CTL660）

作者介绍

　　作者：董婷

　　就读院校：浙江工业大学

　　擅长风格：扁平化、治愈、梦幻风

　　座右铭：收集情绪、观察生活

## 一、创意构思

　　该作品是以中秋节为背景、以思乡情感为主题的《八月桂香》系列动态插画，受众定位主要为青年。在画面中，以桂花树与女孩为主体，将其大小进行夸张化，让女孩的身体缩小到和桂花树叶同等的大小，形成一种梦幻效果。

　　八月中秋是团圆节，桂花盛开的季节正好是八月，这里的八月指的是农历八月。人们常利用桂花明月代表思乡之情。

## 二、素材的收集与参考

　　插画的梦幻性需要作者思维发散地创作，但也需要贴合实际。作者对桂花树做了大量考察，收集了大量图片资料，例如桂花树的生长姿态、叶形、叶脉、花朵，以及在逆光中树叶的透光度等，如图 11-6 所示。

图 11-6

图 11-6（续）

## 三、构图与草稿

　　整个创作过程运用 Photoshop 绘图软件。大致创作步骤为：构图与草稿、绘制背景、绘制主体草稿、绘制主体并细化、绘制人物主体并细化、再次绘制主体并细化、添加细节、制作动态、保存出图。

　　打开 Photoshop 绘图软件，执行新建文件命令，设置文件名为"思乡"，预设画布尺寸大小为 B4，分辨率为 300 像素 / 英寸，颜色模式为 RGB 模式，单击"确定"，如图 11-7 和图 11-8 所示。

图 11-7

图 11-8

单击图层面板上的文件夹符号，创建新组，命名为"草稿"。在新组下，继续创建两层新图层，将草稿层分为两层绘制，一层命名为"主体"，一层命名为"草稿.树叶"，如图 11-9 所示。

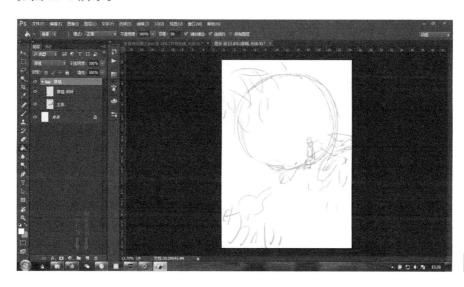

图 11-9

## 四、绘制背景

1. 选择"油漆桶"工具，给背景图层填充颜色，如图 11-10 所示。

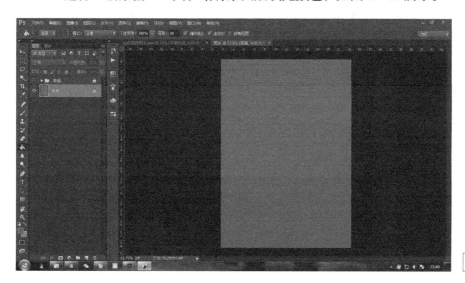

图 11-10

2. 在"背景"图层上新建一个图层并命名为"月亮"。选择"画笔"工具，选择明黄色，并在画笔预设面板里，选择第二个画笔"硬边圆"。单击"月亮"图层，按住"]"键，将画

**小贴示**

按住"["或"]"可以控制画笔大小。

笔适当放大到合适大小，并摆放在画布的合适位置，用鼠标单击。操作如图 11-11 和
图 11-12 所示。

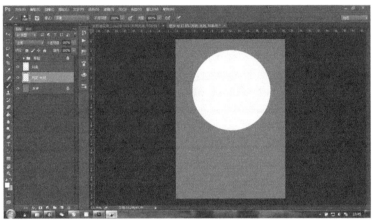

图 11-11　　图 11-12

3. 在"月亮"图层下方，新建一个图层并命名为"月亮 – 光线"。在画笔预设面板里，
选择第一个画笔"柔边圆"。单击"月亮 – 光线"图层，按住"]"键，将画笔适当放大
到合适大小，并摆放在画布的合适位置，单击鼠标。操作如图 11-13 和图 11-14 所示。

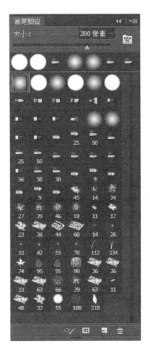

图 11-13　　图 11-14

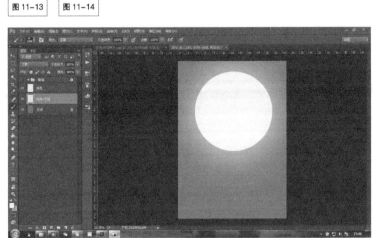

4. 选择"月亮"图层，并单击上方工具栏中的"滤镜 – 模糊 – 高斯模糊"。拖曳"半径"滑块，虚化月亮到合适效果。高斯模糊的目的是使背景虚化，让前景主体更突出，呈现出类似相机大光圈的虚焦效果，如图 11-15 所示。

5. 将"月亮"与"月亮 – 光线"打包成组，命名为"月亮"，如图 11-16 所示。

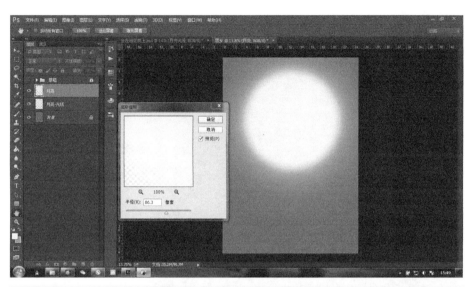

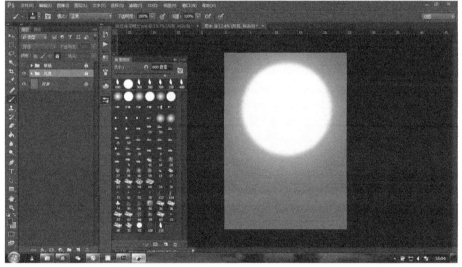

图 11-15

图 11-16

6. 在"月亮"组上新建一个图层，命名为"树叶 1"。在画笔预设面板里选择自己制作的树叶笔刷，选择深绿色，并在图层的合适位置绘制树叶，如图 11-17 和图 11-18 所示。

7. 在"树叶 1"图层下新建一个图层，命名为"树叶 2"，选择灰绿色，绘制第二层树叶。这样做的目的是丰富背景，增加层次，如图 11-19 所示。

8. 用高斯模糊"月亮"图层的方式，分别模糊"树叶 1"和"树叶 2"。将"树叶 1"和"树叶 2"打包成组，命名为"树叶"，如图 11-20 和图 11-21 所示。

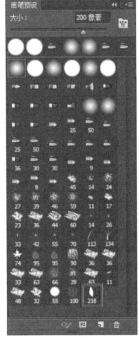

图 11-17    图 11-18

图 11-19

图 11-20

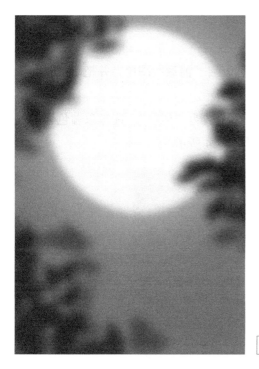

图 11-21

## 五、绘制主体草稿

打开草稿组，在最上方新建两个图层，分别命名为"前景"与"女孩"，并在两个图层上画好前景桂花树的草稿与坐在树上的女孩的草稿。注意前景桂花树树枝与叶片的形状和走向，如图 11-22 所示。为了追求真实，可以参考桂花树的照片再进行绘制。

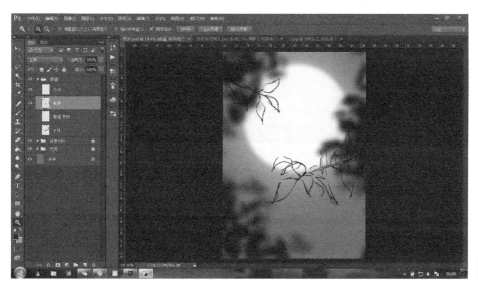

图 11-22

## 六、绘制主体并细化

1. 在草稿组里，隐藏"女孩"图层，只单独开启"前景"图层，并把"前景"图层的透明度调低，以便接下来的绘制，如图 11-23 所示。

2. 在"背景树叶"图层组上新建一个图层，命名为"树枝"。选择深咖色作为画笔颜色，在空白图层上绘制桂花树的树枝，如图 11-24 所示。

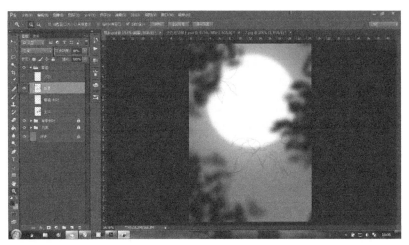

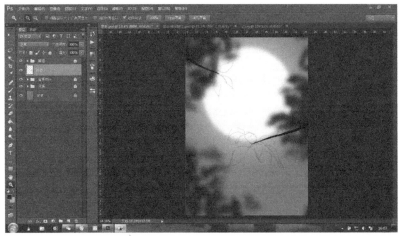

图 11-23

图 11-24

3. 在"树枝"图层上新建一个图层并命名为"树叶"。选择深翠绿色，在空白图层上绘制最前方树叶的形状，如图 11-25 所示。

4. 在"树叶"图层下，新建一个图层并命名为"树叶 2"。选择深灰绿色，绘制被前方树叶遮挡的第二层树叶，如图 11-26 所示。

5. 在"树叶 2"图层下，新建一个图层并命名为"树叶 3"。选择深绿色，绘制被前方两层树叶与树枝遮挡的第三层树叶。这样做的目的是，既不会让三层树叶粘在一起，分不清前后，又可以增加树叶的层次感，如图 11-27 所示。

图 11-25

图 11-26

图 11-27

6. 创建四个新组, 将四个图层分别置组内, 之后再创建一个新组, 命名为"前景"。将之前的四个组拖入"前景"组内, 如图 11-28 所示。

7. 打开"树枝"图层组, 在"树枝"图层上方新建三个图层, 分别为 yy (阴影)层、fg (反光) 层、gg (高光) 层。注意, 图层命名按个人习惯, 只要看得明白就可以, 如图 11-29 所示。

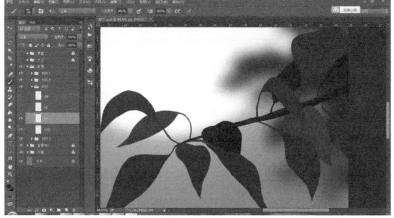

图 11-28

图 11-29

8．打开画笔预设版面，单击右上方的三角标，选择"描边缩览图"。选择粉笔笔刷，具体疏密程度可以按照自己喜好选择，如图 11-30 所示。

9．按住 Ctrl 键，同时单击"树枝"图层，显示"树枝"图层的图形选区。选区的作用是可以在同一选区、不同图层上上色，避免颜色画到外面。单击"yy（阴

## 小贴示

按住 Ctrl 键，同时单击图层，可显示该图层的图形选区。

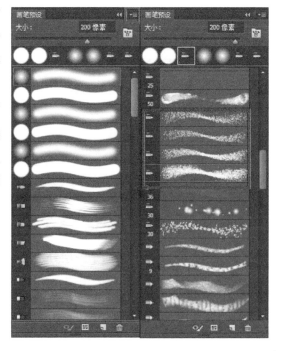

图 11-30

影）"图层，利用粉笔笔刷，选择比树枝稍深的颜色作为阴影颜色进行绘制。记住，在逆光和暗处的环境下，物体也是有阴影存在的，如图 11-31 所示。

10. 同理，仍旧按住 Ctrl 键，同时单击"树枝"图层，显示"树枝"图层的图形选区。选择月亮的颜色，并单击"gg（高光）"图层，在树枝上方绘制亮部。记住，逆光中的亮部是按照物体的轮廓线绘制的。选择蓝绿色，单击"fg（反光）"图层，在树枝暗处绘制反光，如图 11-32 和图 11-33 所示。

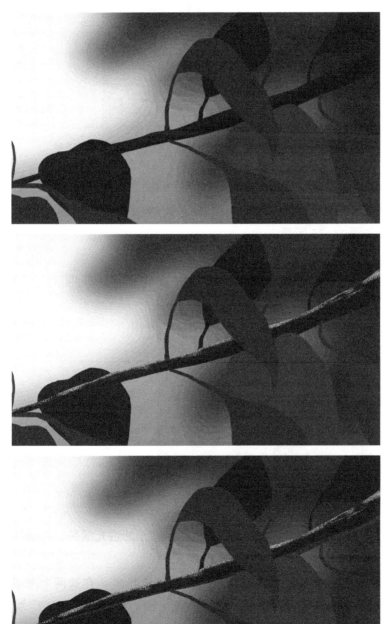

图 11-31

图 11-32

图 11-33

11. 同理，在"树叶 1"图层中新建三个图层，分别为 yy（阴影）层、fg（反光）层、gg（高光）层，如图 11-34 所示。

图 11-34

12. 按住 Ctrl 键，同时单击"树叶"图层，可显示"树叶"图层的图形选区。单击"yy（阴影）"图层，选择深绿色作为叶子的阴影颜色。刷阴影的时候注意将叶子的正侧面、上下面有意识地区分开，如图 11-35 所示。

图 11-35

13. 单击"fg（反光）"图层，选择翠绿色和明黄色作为叶子的透光颜色，并继续利用粉笔笔刷绘制逆光下树叶的透光效果，如图 11-36 所示。

14. 同理，用以上绘制树叶的方法，绘制"树叶 2"与"树叶 3"。在这两个图层组中分别新建两个图层，分别为 fg（反光）层、gg（高光）层。因为"树叶 2"组和"树叶 3"组在后层，所以从复杂程度上来说可以比"树叶 1"组要简单一些，注意体现主次。操作与效果如图 11-37 ~ 图 11-40 所示。

图 11-36

图 11-37

图 11-38

图 11-39

图 11-40

15. 给每一个组的树叶添加高光，如图 11-41 所示。

图 11-41

16．另一边的前景树叶也用同样的方法绘制，如图 11–42 所示。

图 11–42

17．在树叶图层组上方，新建一个图层，命名为"叶脉"，并在该图层上绘制所有叶片的叶脉，如图 11–43 和图 11–44 所示。绘制桂花树叶脉之前，要仔细观察真实桂花树树叶的图片。

图 11–43

图 11–44

## 七、绘制人物主体并细化

1. 打开"草稿"组中的"女孩"图层，并在"草稿"图层组下方新建一个图层组，命名为"女孩"。在"女孩"图层组里新建三个图层，分别命名为"头发""皮肤""衣服"，利用粉笔笔刷分别给其上色，并修整形状，如图 11-45 所示。

图 11-45

2. 分别在"头发""皮肤""衣服"上新建"yy（阴影）"图层，并利用选区进行绘制，如图 11-46 所示。

图 11-46

3. 在头发的阴影图层上方添加一个"头发丝"图层。用深色在阴影区域内添加一些头发丝，给头发增加小细节，添加耐看度。在"头发丝"图层上方新建一个图层，命名为"gg（高光）"，用明亮的颜色表现头发的受光面。操作如图 1-47 和图 11-48 所示。

4. 在"头发""皮肤""衣服"上方分别新建图层"gg（高光）"与"fg（反光）"并进行绘制。高光都选用月亮的颜色进行绘制；而女孩是坐在树枝上，衣服是反树叶的光，所以选用蓝绿色进行反光绘制，如图 11-49 所示。

5．在最上方新建两个图层，分别命名为"绯红"与"眼睛"，并进行绘制，如图 11-50 所示。

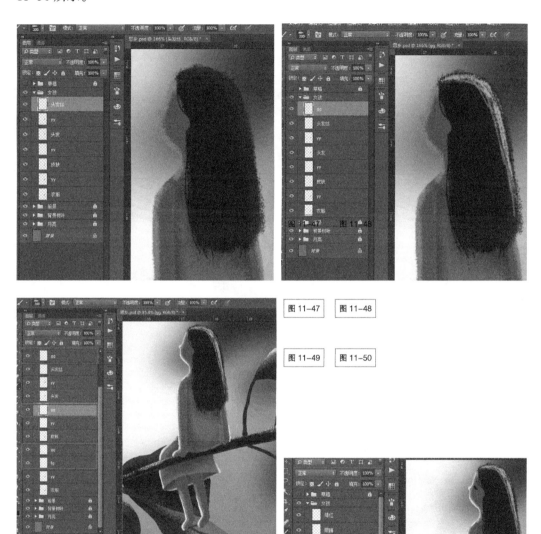

图 11-47　　图 11-48

图 11-49　　图 11-50

## 八、再次绘制主体并细化

1．将"女孩"与"前景"图层组打组，命名为"主体"。在"女孩"图层组上方新建两个图层，分别命名为"花朵"和"花茎"，并进行绘制。在"前景"图层组下面新建一个图层命名为"花朵 2"，并进行绘制。注意，绘制两层花朵时，要使用不同的两种黄色，目的是区分前层花朵与后层花朵。在绘制花茎时，尽量让花茎的生长点靠向一个点，因为桂花花朵的生长是一团一团的，具体的需要参考桂花的图片。操作如图 11-51 ～图 11-53 所示。

图 11-51

图 11-52

图 11-53

2. 在"花朵"图层上方新建两个图层，分别命名为"yy（阴影）"和"gg（高光）"层，并进行绘制。绘制时，仔细观察参考图片里真实的桂花花朵。绘画讲求虚实、主次，所以在绘制阴影与高光时，不需要将所有花朵的阴影和高光一起画上。操作与效果如图 11-54 和图 11-55 所示。

图 11-54

图 11-55

## 九、添加细节

从这个阶段开始，已经不需要手绘板了，使用鼠标即可。

1. 绘制萤火虫的荧光。在"主体"图层组上方，新建三个新的图层，分别命名为"1""2""荧光"，如图 11-56 所示。

2. 在画笔预设面板里，选择第一个画笔"柔边圆"。在"荧光"图层上，用鼠标左键单击画布，绘制大小不一、疏密不同的萤火虫光，如图 11-57 和图 11-58 所示。

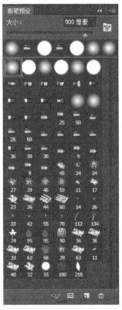

图 11-56

图 11-57　　图 11-58

　　3. 通过绘制不同大小的荧光，我们制造了一种萤火虫有远有近、有大有小的感觉。当然，为了增加画面的空间深度，丰富画面可看性，我们可以在近处添加一两颗萤火虫光来点缀画面。在图层"1"和"2"上，将画笔放大到合适位置，分别绘制近处的萤火虫。将荧光分图层绘制的目的是方便接下来的动态制作。这样，一幅完整的静态插画图像就完成了，如图 11-59 所示。

## 十、制作动态

　　1. 单击上方工具栏"窗口 - 时间轴"，调出时间轴工作区域，单击"创建视频时间轴"。

我们会看到，所有的图层都变成了具有时间线的图层，而每个图层的时间线是可以缩短和拉长的。我们将图层"1""2"打组，并命名为"萤火虫"，在这个图层组里不做任何动态效果。再将图层"荧光"单独打组，命名为"animation"（动画），如图 11-60 和图 11-61 所示，接下来，我们将在"animation"这个图层组里进行专门的动态效果的绘制。

图 11-59

图 11-60

图 11-61

2. 复制"荧光"图层，并移动图层时间线，与"荧光"图层形成前后对接关系，如图 11-62 所示。

3. 在"荧光 复制"图层上，选择矩形选框工具，框选一个荧光点，再选择移动工具，使用方向键，移动选框里的荧光点，将该荧光点的位置与"荧光"图层中该荧光点的位置错开。按 Ctrl+D 组合键取消选区。按空格键，时间轴开始渲染并播放。经过播放以后，同一个荧光点的不同的两个位置形成了一个移动的视觉错觉。同理，将"荧光复制"图层里的其他荧光点运用同种方法进行移动，播放后造成移动的视觉错觉中，如图 11-63 所示。

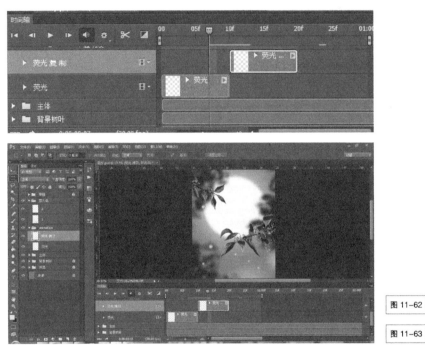

图 11-62

图 11-63

4. 同理，再复制图层，运用同种方法进行绘制，如图 11-64 所示。最终绘制成三张不同荧光位置点的插画。进行播放，这就是一幅循环的完整的动态插画，效果如图 11-65 ～图 11-67 所示。

图 11-64

图 11-65　图 11-66　图 11-67

# 十一、保存出图

1. 动态插画的保存方式与普通插画的保存方式是有区别的。按住快捷键 Ctrl+Shift+Alt+S，将其存储为 Web 所用格式，如图 11-68 所示。

图 11-68

2. 修改窗口里的选项。格式选择"GIF"，循环选项选择"永远"，设置如图 11-69 所示，单击"存储"即可。一幅动态插画就完成了。

图 11-69

# 第 3 节
## 作业练习

1. 参考本章的案例与绘制步骤，进行临摹练习。
2. 根据本章的插画创作构思，进行插画创作练习。